青少年成长必读：人文科学知识丛书

地球的

故事

彩图版

张　轩◎主编

天津出版传媒集团

天津科学技术出版社

图书在版编目（ＣＩＰ）数据

地球的故事 / 张轩主编. —天津：天津科学技术出版社，2012.4（2019.6重印）

（青少年成长必读·人文科学知识丛书）

ISBN 978-7-5308-6920-8

Ⅰ.①地… Ⅱ.①张… Ⅲ.①地球—青年读物②地球—少年读物 Ⅳ.①P183-49

中国版本图书馆CIP数据核字（2012）第064837号

地球的故事

DIQIU DE GUSHI

责任编辑：郑　新

出　　版：**天津出版传媒集团**

天津科学技术出版社

地　　址：天津市西康路35号

邮　　编：300051

电　　话：（022）23332674

网　　址：www.tjkjcbs.com.cn

发　　行：新华书店经销

印　　刷：三河市燕春印务有限公司

开本 700×1000mm 1/16　　印张 9　　字数 150 000

2019 年 6月第 1 版第 3 次印刷

定价：29.80 元

前言

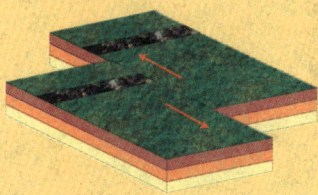

FOREWORD

　　地球是人类赖以生存的家园。也许是因为它的庞大，也许是因为人类"身在此山中"的缘故，地球上有很多故事值得我们去探究和讲述。地球的成长、自然界的风云变幻、生物的出现、神秘的植物世界、有趣的动物世界等，在这里都由一个个故事串联而成，娓娓道来。

　　这本书共分为四部分，分别是"地球概况""地球上的大陆""气候和景观"和"地球生物圈"。从地球的起源讲起，一直讲述到人类的现代化生活给地球带来的影响。通过这本书的阅读，跟随着一个个关于地球的故事，读者能够更加全面深刻地了解地球上的大陆、海洋、天气变化、气候变迁、生命活动等情况，从不同角度观察这个有生命的太空星球。

　　读者不会再因为"身在此山中"而受困于地球的神秘面纱之外。每一个故事都牵动着这个面纱的一角，等读者阅读完这些故事，这层面纱也就会被慢慢地掀起。呈现在读者面前的就不仅仅只是一本书，而是清晰自然、真实有趣的世界。当我们用心观察身边的事物时，都可以联想到关于它的一个故事。

目录 CONTENTS

- 地球在宇宙中的地位/ 6
- 地球的起源/ 8
- 地球的演化历程/ 10
- 地球的年龄/ 12
- 地球磁场/ 14
- 公转与自转/ 16
- 地球的卫星——月球/ 18
- 地球与小行星/ 20
- 地球上的时间/ 22
- 漂移的大陆/ 24
- 地壳的组成/ 26
- 褶皱和断层/ 28
- 石头的分类/ 30
- 金属矿/ 32
- 金刚石/ 34
- 煤/ 36
- 石油/ 38
- 天然气/ 40
- 溶岩洞穴/ 42
- 水的循环/ 44
- 河流/ 46
- 湖泊/ 48
- 泉/ 50
- 瀑布/ 52
- 运河/ 54
- 海岸和海港/ 56
- 海底世界/ 58
- 海峡和海湾/ 60
- 海沟和岛弧/ 62
- 潮水起落/ 64
- 海啸/ 66
- 厄尔尼诺现象/ 68

- 冰雪大陆/ 70
- 漂浮的冰山/ 72
- 亚　洲/ 74
- 欧　洲/ 76
- 非　洲/ 78
- 北美洲/ 80
- 南美洲/ 82
- 大洋洲/ 84
- 南极洲/ 86
- 北极世界/ 88
- 大　气/ 90
- 臭氧层/ 92
- 地球的气温带/ 94
- 风/ 96
- 云和雾/ 98
- 酸　雨/ 100
- 雪/ 102
- 雷　电/ 104
- 土　壤/ 106
- 山　脉/ 108
- 高　原/ 110
- 丘　陵/ 112
- 盆　地/ 114
- 平　原/ 116
- 峡谷和裂谷/ 118
- 岛　屿/ 120
- 沙　漠/ 122
- 森　林/ 124
- 草　原/ 126
- 泥石流/ 128
- 火　山/ 130
- 地　震/ 132
- 极　光/ 134
- 地球生物圈/ 136
- 人　口/ 138
- 大气污染/ 140
- 垃圾危害/ 142

地球在宇宙中的地位

宇宙中有 1000 亿～2000 亿个像银河系这样的星系,仅银河系的恒星数量就约有3000 亿颗。而太阳只是其中的一颗。

浩瀚宇宙中,有一个普通的旋涡星系,人们把它叫做银河系。这个星系包含了大约3000亿颗恒星。恒星就是由炽热气体组成的、能自己发光的球状或类球状天体。距离地球最近的一颗恒星就是太阳了。没有它,地球上就不会有多姿多彩的生物世界。

但在广袤的银河系中,太阳也只是一颗不起眼的恒星。地球围绕着太阳,做着不间断的运行。和地球一起,还有其他 7 枚行星及其卫星、小行星、彗星、流星和星际物质,它们围绕在太阳的周围,与之共同构成了太阳系。大家按照水星、金星、地球、火星、木星、土星、天王星和海王星的顺序排列着,地球是太阳的第三颗行星。在太阳系这个大家族中,太阳以其绝对的优势占去了99.8%的总质量。人类生活的地球在它面前只是一个"无名小卒",在宇宙中也就只是"沧海一粟"了。

人类在地球上可以看到金星、木星、水星、火星和土星。其实这五颗行星在各个国家都有不同的叫法。中国古代有五行学说,因此便用金、木、水、火、土这五行来给它们命名。欧洲则是用罗马神话人物的名字来称呼它们。近代发现的两颗远日行星,西方按照以神话人物名字命名的传统,以"天空之神"和"海洋之神"来称呼它们,中文也就译为天王星和海王星。

算上地球,这八大行星按质量、大小、化学组成以及和太阳之间的距离等标准,大致可以分为三类:水星、金星、地球、火星被称为类地行星;木星、土星是巨行星;天王

"先驱者" 10 号于1972年3月2日发射,1973年12月3日飞临木星,1989年5月24日越出冥王星轨道后,携带地球和人类的信息飞出了太阳系。

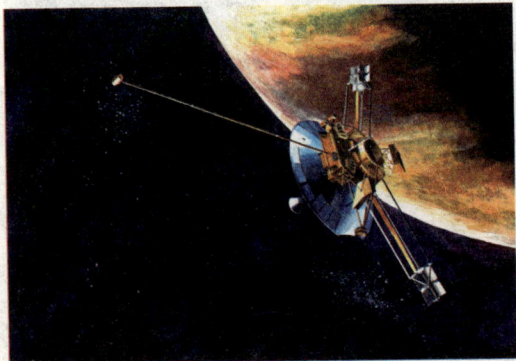

青少年成长必读人文科学知识丛书

太阳系行星示意图（水星、金星、地球、火星、木星、土星、天王星、海王星）

星和海王星是远日行星。地球是太阳系中一颗中等大小的行星，介于金星和火星之间，与太阳的平均距离为1.5亿千米。地球距离金星的最近距离为4000万千米，距离火星的最近距离为5000多万千米。

在太阳系中，火星与木星之间还存在着一个小行星带。在这一区域，存在着数十万颗大小不等、形状各异的小行星。除此以外，太阳系还包括许许多多的彗星和无以计数的天外来客——流星。

人类有时候也在思考，地球是否是宇宙中唯一拥有生命的星球？ 1952年，著名的米勒试验证明了，只要能够创造出适当的条件，无机物是可以转化为有机物的。也就是说，只要宇宙中的某一颗星球拥有和地球相似或是相同的环境，那么也就有可能产生生命物质。于是人类开始向太阳系里的各个行星展开了探索，但最终都没有发现生命的迹象。后来人类又把探索的触角伸向了遥远的太阳系外。银河系中恒星的发光发热年代都很长，都足以使智慧生物渐渐形成。也许在某一颗恒星的旁边，就存在着一颗和地球环境相似的行星，可能它的上面就会有生命物质。

人类利用无线电信号，向太空中可能存在的"邻居"发出友好的"问候"。木星探测器"先驱者"10号和11号各带有一块雕刻镀金铝饰牌，带去了有关人类在宇宙中的位置和关于人类本身的情况。

地球是太阳系的行星之一，按离太阳由近及远的次序排列为第三。经过现代科学确证，它是目前唯一一存在生命的行星。

◆ 日界线

日界线是地球上一日开始和结束的界线，是东西12区的共同经线，即东西180°经线。新的一天从这里诞生，向西环球一周后又会回到诞生的地方。处在日界线上的两个时区钟点相同，日期相差一天。

地球的起源

人类赖以生存的地球是太阳系中一颗普通的行星。正是因为有了人类的生存和发展，这个星球才显示出了它的与众不同。它和其他七大行星一起，在不同的轨道上围绕太阳旋转，共同构成了"太阳系"。它拥有一颗属于自己的卫星——月球，围绕它不间断地运行。

对于地球的起源，流传过很多说法。有人认为是上帝或是神的意识创造了地球，人们将这种说法归为"唯心主义"。另有一部分人则抱有完全相反的观点，被称为"唯物主义"。当然前者的观点不足以取信，要了解地球的起源，就要先从太阳的起源入手。

德国哲学家康德和法国数学家拉普拉斯是最早着手研究地球和太阳系起源的科学家。他们的观点被称为康德拉普拉斯星云说。他们认为宇宙中存在有一种叫做"星云"的物质。这种原始星云由气体和固体微粒组成，最开始时具有庞大的体积。慢慢地，随着它不停地旋转，星云体中的大部分物质聚集在了一起，形成原始太阳。当然，不是所有的微粒到最后都成为原始太阳的组成部分。在原始太阳形成的同时，那些围绕在原始太阳周围的稀疏微粒物质，在原始太阳的作用下旋转速度加快。旋转的同时，这些微粒不断向原始太阳的赤道面集中，最后在相互碰撞和吸引的作用下形成了一个个的团块。随着微粒的不断累积，这些团块由小到大形成了行星。

他们的这一观点得到了很大的认同。他们把地球的形成说成是一种自然界自然发展的结果，不是什么神力，也不是什么

青少年成长必读 人文科学知识丛书

康德认为原始星云团在无规则的运动过程中，较大的物质吸引了较小的物质，凝结成一些较大的团块，而且块头愈来愈大。在其中心引力最强，形成了原始太阳。

当太阳形成后，周围的小团块在太阳的吸引下相互碰撞而改变方向，绕太阳做圆周运动，这些绕太阳运动的较大团块，又逐渐形成八个引力中心，最后凝聚成朝同一方向转动的行星。地球就是这些行星中的一个。

偶然的巧合。与这一说法同时产生的还有很多假说，像碰撞说、潮汐说、俘获说、大爆炸宇宙说，等等。但是这些说法后来都得到了一定的质疑，还是星云说最站得住脚。国内外的很多专家和学者通过不同的方法分析和研究了地球和太阳系的起源，他们也都认为这和原始星云演化有关。

中国的天文学家戴文赛也做了相应的研究。他认为，在50亿年前有一个比太阳大几千倍的星云存在于宇宙中。它在万有引力的作用下逐渐收缩，内部出现了很多湍涡流。接着，这个大星云就碎裂成很多个小星云，其中就有最终形成太阳系的"太阳星云"，也就是前面提到的"原始星云"。它形成于湍涡流中，所以一开始就处于不停旋转的状态。它在万有引力的作用下继续收缩，速度加快、形状变扁。分散在其中的"土物质""水物质""气物质"等慢慢聚集，在星云赤道面上形成一个"星云盘"。收缩和集聚并没有就此停止，在之后的过程中又慢慢形成了许多"星子"。星子在一定的作用下，其中心部分就形成了最终的原始太阳，原始太阳周围是"行星胎"。再经过一段时期的演化，就形成了太阳和八大行星，最终形成今天的太阳系。

到目前为止，这种"星云说"是存在争议较少的一种说法。但是地球和太阳系的形成，还有很多秘密等待着人们去探索和发现。随着现代科学技术的进步，借助于科学的力量，相信这一问题会逐渐走向明朗化。

◆ 地球的形成

由于原始地球的地壳较薄，小天体又不断撞击，造成地球内部熔岩不断上涌，地震与火山喷发随处可见。地球内部蕴藏着大量的气泡，在火山喷发的过程中从内部升起云状的大气。到了距今25亿～5亿年的元古代，地球上出现了大片相连的陆地，地球就形成了。

地球的演化历程

青少年成长必读人文科学知识丛书

太阳的形成

正在形成中的地球

地核开始形成

空中生成大气

陆地逐渐形成

今天的地球

大约在46亿年前，原始太阳星云形成了最初的太阳系，地球的雏形也在这个过程中形成。

地球在形成初期温度比较低，也没有分层结构。后来在陨石轰击、放射性衰变发热和地球的内部重力收缩等的作用下，地球的温度逐渐增高起来。随着温度的升高，地球内部的物质也发生了变化，一些物质出现了局部熔融的现象。在重力作用下，本来处在地球外部的较重的物质开始慢慢下沉，液态的铁等重元素沉到了地球中心，形成地核。同时，地球内部较轻的物质上升。地球内部发生了一系列的对流和化学分离，就逐渐形成了地壳、地幔、地核等圈层。

紧接着就是地球大气的形成。在地球形成初期，原始大气全部跑到了宇宙空间。后来，地球上的温度上升，地球内部的物质重新组合，地球内部气体也上升到地面，形成第二代地球大气。这层大气在绿色植物出现之后又得到了进一步的发展。在绿色植物光合作用的影响下，它逐渐发展成为现代的大气。

有了大气圈，地球上也就慢慢出现了阴、晴、雨、雪等各种天气变化。首先，地球内部的结晶水汽化，进入大气层。在遇到低温的时候气态的水便凝结、降雨，落到了地面。在这个降水过程中，原始的海洋慢慢形成，为原始生命的出现提供了温床。到了30～40亿年前，地球开始出现单细胞生命。

原始生命出现后，人类给地球的发展划分了5个"代"，依次是太古代、元古代、古生代、中生代和新生代。每一代还被划分为若干个"纪"。古生代从远到近划分为寒武纪、奥陶纪、志留纪、泥盆纪、石炭纪和二叠纪；中生代划分为三叠纪、侏罗纪和白垩纪；新生代划分为第三纪和第四纪。这就是通常意义中人们所说的"地质年代"。

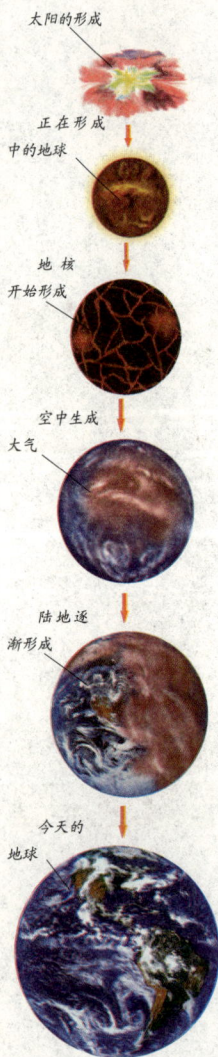

太古代距今 24 亿多年。那时原始的岩石圈、水圈和大气圈已在地球表面形成。地壳活动频繁，火山时而爆发。铁矿在这个时候形成，最低等的原始生命开始产生。距今 24 亿～6 亿年是元古代，这时的地球被大片海洋覆盖着，晚期才出现了陆地。地球上的生物到此时已发展到了海生藻类和海洋无脊椎动物。古生代距今有 6 亿～2.5 亿年，海洋中已经出现了几千种动物，有些已经走上陆地，成为陆上脊椎动物的祖先。此时高大茂密的森林后来都变成了大片的煤田。中生代历时约 1.8 亿年，从距今 2.5 亿年一直到距今 0.7 亿年。这个时候恐龙称霸一时，原始的哺乳动物和鸟类出现，蕨类植物逐渐被裸子植物所取代，这些生物许多后来变成了巨大的煤田和油田。许多金属矿藏也都是在这个时候形成的。在距今 7 000 万年的时候，地球进入了新生代。被子植物在此时有了大的发展，各种食草、食肉的哺乳动物空前繁盛，最终导致了人类的出现。

5.7 亿年前，前寒武纪时期（太古代和元古代）

大约 164 万年前出现了冰期，人类开始进化

5.7 亿～5.1 亿年前（寒武纪），海洋动物开始出现，许多硬壳类动物成了今天的化石

1.46 亿～6 500 万年前（白垩纪），大多数现代大陆已经从泛大陆中分裂出来，这一时期是爬行动物的天下，被子植物开始出现

5.1 亿～4.09 亿年前（奥陶纪和志留纪），是海洋生物的繁盛时期，早期的鱼类出现，陆生植物和陆生节肢动物也出现了

陆地的基本单位

海洋形成一个不间断的水面，把地球上的陆地分为几个大板块和无数的小块。为方便起见，人们通常把海洋和陆地都区分为几大部分。最大的陆地单位有两个，一个是大陆，另一个是洲。

6 500 万～164 万年前（第三纪），哺乳动物和鸟类取代了灭绝的恐龙和其他大型爬行类动物。气候开始变冷

4.09 亿～3.63 亿年前（泥盆纪），各大陆开始移动，昆虫和两栖动物出现

2.5 亿～1.46 亿年前（三叠纪和侏罗纪），泛大陆开始分裂，哺乳动物、鸟类出现

3.63 亿～2.5 亿年前（石炭纪和二叠纪），泛大陆时期，爬行动物和昆虫生活在森林中

11

地球的年龄

人类有文字记载的历史已经有几千年了。公元前3 000年，苏美尔人就有了自己的文字。如果按照这样计算，我们可以认为地球已经至少存在了5 000年了。不过，文字是在人类出现了很长一段时间后才出现的。在文字出现之前，人们已经会制造陶器和雕塑。19世纪的西方人大都认为地球有6 000岁，这一观点的依据完全来自《圣经》，人们将之奉为神圣的真理，但这一认识没有科学依据。

著名科学家牛顿根据《圣经》来推算地球的年龄，得出的结果是6 000多岁。

法国自然科学家乔治·路易斯·布丰在1749年开始着手写一部百科全书。他认真观察和思考了世界上的各种自然现象，并且想通过科学的观点来剖析这些现象。他估算出地球至少应该经历了75 000年了。但是这一论点给他带来了麻烦，最后他只能放弃自己的观点。

不过思想的进步是人类社会发展的必然，人们当然没有停止对这一问题的探索。科学家们通过研究地球自身发生了哪些变化及这些变化发生的速率，来计算这些变化使地球改变现有状态所需的时间，从而确定地球的年龄。

埃德蒙·哈雷是进行这种尝试的第一人。他想到的办法是研究海水的盐量。他是这样想的：假设海水本来是淡的，海水里的盐都来自注入海洋的河流，只要计算出每年注入海洋的盐量，就可以知道海水经历了多少年才变成现在这么咸的。但是，他却忽略了几个问题。首先，海水中本来就含有少量盐分；其次，在当时那个时代，西方人根本不知道欧洲之外的河流，也就无法判定每年注入海洋的盐量。所以他计算出的10亿年的结果并不准确。

埃德蒙·哈雷于1715年提出，海洋可能是测算地球年龄的一个"钟"。

另一种地球年龄的计算方法是利用泥沙沉积的速度。这个方法的原理是计算出地球上发现的沉积岩形成的时间，来估算地球的年龄。河流、湖泊、海洋携有大量泥沙，它们沉积后形成了"沉积岩"。如果这个沉积速率是恒定的，那么通过研究沉积岩的形成，就可以推断地球的年龄。按照这样的方法，人们得出地球的年龄大约有5亿岁。

这些有关地球年龄的估算结果都比较粗略，因此这些结果不能作为准确的结果。一次偶然的机会，人们发现了一种更为科学的方法，就是利用放射性元素都具有所谓"半衰"特性。1896年，法国物理学家安东尼·汉瑞·白克勒尔偶然发现金属铀可产生一种当时尚无人知的射线。1898年，波裔法籍化学家玛丽·居里经过进一步的研究，发现该射线是由某种放射物质发出的。通过研究人们发现放射的结果，铀和钍原子可衰变为某种较为简单的原子，该原子又进一步衰变，而变成其他物质微粒，直至新的原子核产生后，不再继续衰变，于是形成了所谓衰变产物，从而完成了衰变的全过程。

经过长时间的研究，美国物理学家博特瑞姆·波登·鲍特伍德在1907年提出这样的观点。如果某块岩石中含有铀，那么铀将会以一个恒定速率衰变成铅。这样，就可以利用测定岩石中铅的含量计算出这块岩石以其不变的形态存在的时间。但是在一开始，岩石中就有可能已经含有一定量的铅了，因此这一理论的实现是有一定难度的。现在，人们公认的地球年龄为46亿年。

科学家根据放射性物质的衰变速度，计算出地球的年龄至少有40亿岁。

◆ 化石的形成

化石的形成是一个相当长的过程，当一棵树死掉后，树干沉没并被埋葬，木质部分被新的矿物质置换了，但它的形状并没有发生改变，而它周围的沉积物被逐渐侵蚀掉，留下了树干化石。

在地球诞生的这40多亿年时间里，地球上衍生出了各种各样的生命，经过漫长的自然选择，其中的大多数都灭绝了，但我们仍能从某些岩层中保留下来形成的化石中探寻它们的遗卷。

13

地球磁场

地球是一个被磁场包围的星球,它的周围存在着看不见的磁力场,这就是"地球磁场"。

地球是一个被磁场包围的星球,它的周围存在着看不见的磁力场,这就是"地球磁场"。在人类身处的太阳系中,太阳并不是个安分的星球,它常常爆发风暴,以致殃及我们地球。太阳所喷发出来的强烈射线和高能粒子,不仅会使地球通信信号中断,卫星失灵、飞船轨道下降,还会危及我们人类的生命健康。幸好地球有一把功能不错的"保护伞"。

地球磁层在地面上 600～1 000 千米的高度处。磁层的最外面叫做磁顶层,距离地面有 5 万～7 万千米。太阳风给了地球磁场很大的作用,使它成为一个不对称的形状。背向太阳的一面被"抻长"了很多,形成了一条长长的尾巴,称为磁尾。在赤道附近存在一个特殊的界面,地球磁场的磁力线在这里突然改变了方向,这个界面被称为中性片。磁尾在这里被分成了两部分:北面的磁力线向着地球,南面的磁力线离开地球。这里的磁场厚度约有 1 000 千米,强度非常小。

人们在 20 世纪 60 年代发现,在中性片两侧大约 10 个地球

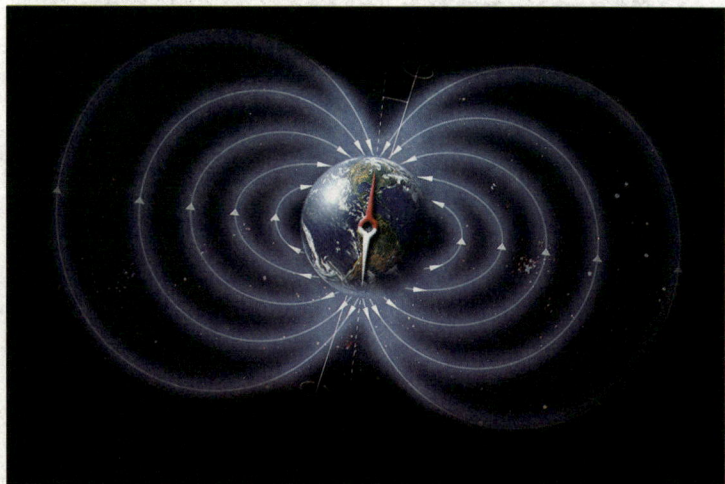

半径的范围里，有一个等离子体片，这里充满了密度较大的等离子体。当太阳活动剧烈的时候，这里的高能粒子就会增多，并且沿着磁力线快速地到达地球的两极上空，开始下沉。这些粒子与极地上空大气相互作用，就会形成绚丽的极光。

平常，生活在地球上的人感觉不到地磁场的存在，但它却时刻对人发生着作用。专家认为，地磁影响着人的睡眠质量。人体内的水分子好比一根小小的指南针，在地球磁力线的作用下不停摆动。如果人是南北睡向，那么水分子朝向、人体睡向和地球南北磁力线方向三者一致，这时人最容易入睡，睡眠质量也最高。地磁场的变化能影响无线电波的传播；当地磁场受到太阳黑子活动而发生强烈扰动时，远距离的通信也将受到严重影响，甚至会中断。

指南针是用来辨别方向的，它有个特点是在静止时总是朝着一个固定的南北方向，这是它受到地磁场作用的缘故。

地球上某些地区的岩石和矿物具有磁性，地磁场在这些埋藏矿物的区域会发生剧变，利用这种地磁异常的现象，可以探测矿藏，寻找铁、镍、铬、金以及石油等地下资源。磁石就是一种具有强磁性的矿物，它吸引铁或钢等物体。常见的磁石有两种：黄铁矿与磁铁矿，它们都是铁的化合物。在发生强烈地震之前，由于地壳中岩石的磁性，当它们受力变形时，磁性也要跟着变化，从而可以根据地磁局部的异常现象较为正确地预报地震。

跟具有吸附力的磁铁一样，地磁场也具有南北极，磁力线贯穿南北，地磁北极在地理南极附近，地磁南极在地理北极附近，两极附近的地磁场最强，赤道附近的地磁场最弱。受到地磁场的影响，指南针在静止时就总是朝着一个固定的南北方向，帮助人们辨别方向。由于地理两极和地磁两极并不重合，所以指南针所指的南北方向不是准确正南正北方向，而是存在着一定的偏角，我国北宋时期的科学家沈括率先准确地记述了这一现象，比西方哥伦布早了400多年。

候鸟一般都具有感知地磁场的能力。在长途迁徙的过程中，对地磁场的感觉将大大有助于它们判定方向。

◆ 地球磁场的起源

关于地球磁场的起源，永磁体学说是最早提出的一种学说。不过目前研究和应用较多的地球磁场学说是1956年提出的电磁感应学说。这个观点认为地球磁场的产生和太阳的强烈磁活动有关。

公转与自转

地球不是静止的，它每天都在运动着。围绕太阳公转和不停地以地轴为中心自转是地球运动的两种基本形式。

地球的自转是按照一根假想的轴进行运转的，我们把它称为地轴。在地球仪上我们可以看到，地轴是通过地球中心，并连接南极和北极。地球就是以这根轴为中心进行自东向西的旋转。如果用一个钟表来打比方，在北极上空看是反时针方向，在南极上空看是顺时针方向。人类长时间生活在地球上，感觉不到地球的自转，反而觉得是天空中的各个天体在不断地围绕着地球旋转。地球本身对它表面的物体具有巨大的引力，在它飞快运行的过程中，吸引着这些物体同它一起运动。因为地球的运动是匀速的，所以说人感觉不到。

地球自转的方向是自西向东。从北极点上空看呈逆时针旋转，从南极点上空看呈顺时针旋转。

不过地球自转对地球上的物体运动也会产生一定的影响。在地球上水平运动的物体，无论朝哪个方向运动，都会发生偏转的现象。在北半球，容易被冲蚀的总是右河岸；气流运动时总是向右偏；发射出去的炮弹也总是向右偏转的。南半球则正好相反。

由于地球不停地自转，使地球上同一瞬间不同地方时间不一样，一个地方是早晨，另一个地方则是傍晚或深夜。中国和美国，在地球上刚好是相对的两面，中国是白昼，美国则是黑夜。假如地球没有自转，那么受到太阳照射的那一面就会永远都是白天。长时间接受太阳的照射，这里的温度就会越来越高。而相反的，地球的另一面就会永远处于黑夜，温度也会越来越低。这样地球上就没有了白天黑夜的更替，地球上各个地区的温度也没有办法得到调整，包括人类在内的各种生物都没法在这个环境中生存。

青少年成长必读 人文科学知识丛书

地球的自转形成了白天和黑夜。而在同一瞬间不同的地方，一个地方是早晨，另一个地方则是傍晚或深夜。中国和美国，在地球上刚好是相对的两面，中国是白昼，美国则是黑夜。

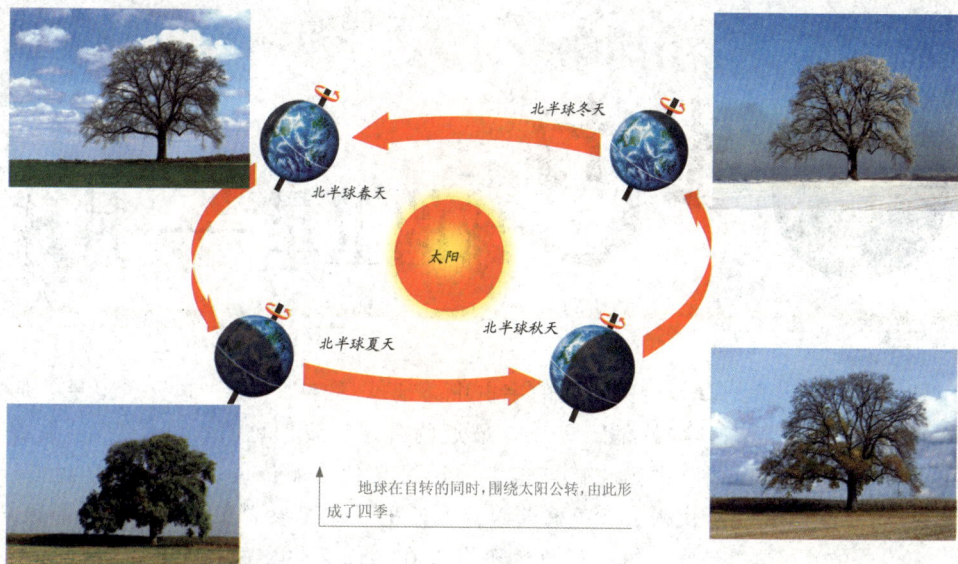

北半球冬天

北半球春天

太阳

北半球夏天

北半球秋天

地球在自转的同时，围绕太阳公转，由此形成了四季。

地球除了自转运动，它还围绕着太阳进行周期为一年的公转运动。公转是沿着一定的轨道进行的，这是一个近似于正圆的椭圆轨道。太阳就位于这个椭圆的两个焦点之间。这个轨道长 94 000 万千米，地球绕完这一圈大约需要 365 日 5 小时 48 分 46 秒。每年一月初，地球运行到离太阳最近的地点，被称为"近日点"，距离太阳约有 14 708 万千米；七月初则运行到"远日点"，距离太阳约有 15 192 万千米。地球公转的方向也是自西向东。

地球公转的轨道面与地轴之间有 66°34′ 的夹角，在地球绕太阳旋转的过程中，北半球和南半球先后朝太阳倾斜，于是地球上出现了春夏秋冬四季更替的现象。一年之内，太阳在南、北回归线之间移动，9 月份，北半球是秋天，南半球是春天。我国的农历是根据变化的四季，由古代劳动人民观察天气的变换规律总结出来的。历法的形成为农业生产带来了便利，什么时候该种植，什么时候该收获，都可以从历法上找到对应的时节。但并不是每个地方都有四个季节，在北极和南极地区，只有两个季节交替变化。夏季，太阳从不落下，出现极昼现象；冬季，太阳从不升起，出现极夜现象。

◆ 南北回归线

以赤道为界，赤道以北为北半球，赤道以南为南半球。南、北回归线位于南纬 23°26′ 和北纬 23°26′，是热带和温带的分界线。太阳直射点在南、北回归线之间往返一次是一年，同时，也产生了地球上春夏秋冬的季节变化。

地球的卫星——月球

在庞大无边的宇宙中，地球只有唯一的一颗天然卫星，那就是距离地球最近的月球，我们也叫它"月亮"。在古代，中国流传着很多关于月亮的美丽传说。像嫦娥奔月、吴刚伐树、玉兔捣药等。人们把月球想象成和地球一样的星球，有桂花树、玉兔，还有人在上面居住，这些人还有自己居住的宫殿。

到了现代，经过科学家的研究，人们发现月球是冷清而孤单的星球。相对于地球这个生命星球来说，月球上没有空气和水，因此不会产生风、云、雨、雪等气象现象；月面上温度变化剧烈，白天可达 127 摄氏度，夜间可降到负 185 摄氏度。而且，月球上没有大气层保暖，没有海洋调节，加上每次白天太阳连晒 10 天，黑夜也长达近半个月，所以白天、黑夜的温度差别十分大。这样的环境不适合生命的生存，所以，月球是一个没有生命的星球。

月球是地球的卫星，同地球一样有着它的公转和自转。它自转和公转的方向也是自西向东的，它绕地球运行一周需要 27 天 8 小时，自转一周也需 27 天 8 小时。所以，自古以来，月球总是以同一面朝着地球。月球绕地球公转时，它和地球、太阳的相对位置也在不断变化，月球被太阳光照亮的半面以不同的角度对着地球。因此，从地球上看去，月球的形状就有了圆缺的变化。

月球绕地球旋转，同时地球

这是 1972 年美国"阿波罗"17 号宇宙飞船在返回地球途中拍摄的月球照片。

又带着月球围绕太阳旋转，当
月球转到地球背着太阳的一面，
并且恰好太阳、月球、地球处
在同一直线或近于一直线的时
候，地球挡住了照到月球上的
太阳光，我们看到的月球就失
去了光明，这就是月食。

月相

月球的表面具有复杂的结
构。肉眼看到的月亮正面明亮
的部分，是月球表面上的山脉、
高原。有一些阴暗的区域被称
为海、湖、湾或沼。其中面积最大的一个叫做"风暴洋"，这
里只是一块平坦的大平原，并没有一滴水。月球表面最具代
表性的就是像这样的成千上万个环形山，幽深、狭窄而弯曲
的月谷，还有叫做"海"的干枯的大平原，传说中的嫦娥、吴
刚、玉兔、桂树，其实都是不同大小、不同形状的"月海"而
已。月面上覆盖着一层称为"月壤"的细碎物质，由月尘、岩
屑等物质构成。

关于月球的内部结构，科学家经过研究发现，月球有月
表、月壳、月幔和月核几个层次。月表就是月球内部构造的表
面层，包括从表面到深约2千米的区域，主要由斜长岩等月岩
碎块和粉尘般土壤组成。月壳是内部构造的上部，厚605～650
千米，根据月岩类型和性质的不同，分为上下两层，上层250
千米左右，下层300～400千米。处于中间的月幔是整个月球
体积的最大部分，从65千米深处开始，一直延伸到约1 388千
米处，占月球半径的76%。再向里面就是月核了，这是一个含
铁和硫的小核，它被一层半熔化状的岩石层所包围，该层外面
是一层固态岩石，最外层是富含钙和铅的岩石壳。

我们在地球上看月球，会发现它不同时候会呈现出不同
的"样貌"，像镰刀的称"娥眉月"；半圆形的称"弦月"；像
一面明镜时称"满月"；全部黑暗时叫"新月"。月亮的这种
盈亏变化就是月相。月相遵循着从新月到满月然后又回到新
月的循环规律。

◆ 潮汐的出现

月球对地球的
重要影响是出现潮
汐。潮汐是海水周
期性的涨落现象，
是海水的一种运
动，它循环往复，
永不停歇。月球对
地球的引力使海水
产生潮汐。

1969年7月16日"阿波罗"
11号宇宙飞船成功登上月球。
上图为"阿波罗"11号宇航员奥
尔德林在月面上的照片。

地球的故事

19

地球与小行星

关于恐龙的灭绝，人们假想的观点不下十几种。最权威的观点认为，6 500 万年前，一颗小行星坠落在地球表面，引起一场大爆炸而导致了恐龙的灭绝。

最为著名的美国亚利桑那州陨石坑直径约1 245米，平均深度达180米，它是5万年前，一颗直径为30～50米的铁质流星撞击地面造成的。

在火星与木星轨道之间存在有一个小行星带，这些小行星是一些围绕太阳运转但因为太小而称不上行星的天体。它们大小不一，大的直径可达1 000千米，小的就好像鹅卵石般大小。小行星是太阳系形成后的剩余物质。一种推测认为它们是一颗在很久以前一次巨大碰撞中被毁的行星的遗留物。然而假使把所有的小行星加在一起组成一个单独的天体，它的直径还没有月球的半径大。所以，这些小行星看上去更像是些从未组成过单一行星的物质。

它们的运行轨道大都在火星与木星轨道之间，有些却与地球轨道相交。地球上的人们有时候会看到夜空中有美丽的流星划过，这就是小行星偏离了运行轨道闯进地球的大气层。它们在进入大气层后以极快的速度向下坠落，与大气中的空气分子发生摩擦，从而产生了热量并且发光，掉落到地面上的残骸就是"陨石"。

陨石落在地面的瞬间会对地面产生强大的冲击力，因此就会形成陨石冲击坑，也就是通常所说的陨石坑。在月球、水星、火星上，都有这种陨石体高速撞击地表所形成的坑穴，较大的陨石坑就被称做环形山。由于侵蚀作用以及古老地貌被较年轻沉积物充填，使得地球上所发现的陨石坑比较稀少，一些古老的陨石坑已经不容易辨认或者已经消失了。

但是这些碰撞过后留下的痕迹使人们不得不陷入一种思考。先说说1994年7月16—22日，舒梅克·列维彗星的碎片在木星强大引力下冲进木星大气层。这些碎片至少有20片，速度达到了60千米每秒。最大的碎片直径达2千米，在惨烈的撞击后，这颗太阳系中最大的行星表面留下了几乎和地球一样大的"伤痕"，以及其他大大小小的痕迹。这次撞击被称为"世纪之吻"。经历了这样的事情，人们就开始思考：地球和木星一样是太阳系中的一颗行星，那么说地球也就有被撞击的可能性，这对地球上的生命物质来说无疑是毁灭性的。

2005年1月12日，美国发射"深度撞击"号探测器，并于同年7月4日成功撞击在坦普尔彗星的正面，这是人类探测器与彗星的首次完美相撞。

科学家们研究发现，过去2.5亿年以来，地球遭到直径1 000米以上陨石撞击的次数可能在440次左右。从诞生之日起，地球就常遭到陨石的撞击。地球上70%的面积被海洋所覆盖，所以有很大一部分被海水所掩盖了；陆地上的也大都在亿万年的流水冲刷、冰川刻蚀、地壳演变中被抚平。科学家们研究了地球和小行星间的轨道关系，得出的结论是每100万年才会有三次特大陨石撞击地球，而且这三次中只有一次会落在大陆上。所以说，陨石不会对地球造成多大的危害。

但是太空中的另一种天体——彗星就很难说了。有些彗星的轨道是与地球轨道相交的，如果两者在同一时间运行到交点上，就会发生严重的碰撞，对地球产生毁灭性的伤害。不过人类在这方面早已开始了自己的研究。现在，人类利用先进的科学技术可以预测、预防、避免这类碰撞事件的发生，保证地球的安全。

◆ 彗星

彗星是在扁长轨道（极少数在近圆轨道）上绕太阳运行的一种质量较小的云雾状小天体。一般彗星由彗头和彗尾组成。彗头包括彗核和彗发两部分，有的还有彗云。

地球上的时间

平常，人们在钟表上所看到的"几点几分"，习惯上就称为"时间"，但严格说来应当称为"时刻"。

日晷是中国古代利用日影测得时刻的一种计时仪器，通常由铜制的"晷针"和石制的圆盘"晷面"组成。晷针的上端正好指向北天极，下端正好指向南天极。在晷面的正反两面刻画出 12 个大格，每个大格代表两个小时，根据太阳光线的变化就可以显示相应的时刻。沙漏也是古代的一种计时器具，它还有一个名字叫做"沙钟"。古时候人们利用沙的流动来代替水，就是为了防止到寒冷的地方水会结冰。

除此之外还有很多古老的计时工具。土圭是最简单的计时工具之一。它就是一根插在地上的杆子，人们通过观察它影子的方向和长短来估计时间。圭表就有了一定发展。它由两部分组成，直立的铜柱叫"圭"，平卧的铜尺叫"表"。它的使用方法是把"圭"垂直树立，"表"平放在地面上，两头分别朝向南北方向，用以测量日影长度。圭表不仅可以测出时间，还可以根据每天上午日影的长短，定出四季的节气。

在地球上某个特定地点，根据太阳的具体位置所确定的时刻，称为"地方时"。现在，世界各地的人都习惯于把太阳上中天的时刻定为中午 12 点，但此时正好背对着太阳的另一地点，时刻必定是午夜 12 点。

如果整个世界统一使用一个时刻，则只能满足在同一条经线上的某几个地点的生活习惯。

这是因为地球自

日晷又称"日规"，是我国古代利用日影测得时刻的一种计时仪器，通常由铜制的"晷针"和石制的圆盘"晷面"组成。晷针的上端正好指向北天极，下端正好指向南天极。在晷面的正反两面刻画出 12 个大格，每个大格代表两个小时，根据太阳光线的变化就可以显示相应的时刻。

转一周需要经过一天时间，地球上经度不同的地方，就会产生"时间"先后的问题。所以，国际上就在每个区域内都采用统一的时间标准，这就是区时。区时又叫标准时，是采用全世界统一时区系统的时间。按区时，每隔15度经度就分为一个时区。全世界分为24个时区，相邻的两个时区时间相差一个小时。

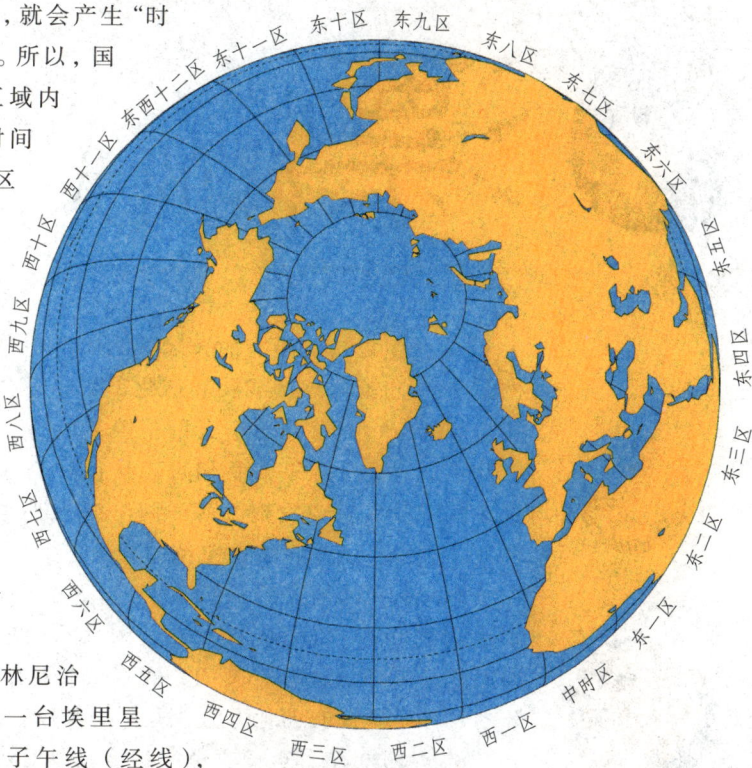

东十区 东九区 东八区 东七区 东六区 东五区 东四区 东三区 东二区 东一区 中时区 西一区 西二区 西三区 西四区 西五区 西六区 西七区 西八区 西九区 西十区 西十一区 东西十二区 东十一区

在英国的格林尼治天文台旧址，有一台埃里星仪，它所经过的子午线（经线），叫本初子午线，又叫零度经线，它是地理经度和时区的起始点，那里测得的时间称为"格林尼治时间"，也称为"世界时间"。中国幅员辽阔，从西到东横跨东五、东六、东七、东八和东九 5 个时区。中国统一采用首都北京所在的东八时区的区时作为标准时间，称为北京时间。北京时间比世界时早 8 小时，即：北京时间＝世界时＋8 小时。

日界线是地球上一日开始和结束的界线，是东西 12 区的共同经线，即东西 180° 经线。新的一天从这里诞生，向西环球一周后又会回到诞生的地方。处在日界线上的两个时区钟点相同，日期相差一天。从这个意义上说，当日界线的西面是"今天"时，东面还是"昨天"。这也就是说，当你由西向东跨越国际日期变更线时，必须在你的计时系统中减去一天；反之，由东向西跨越国际日期变更线，就必须加上一天。

◆ 王轮沙漏

这个沙漏是 1360 年中国的詹希元创制的。它的工作原理是：流沙先从漏斗形的沙池流到初轮边上的沙斗里，驱动初轮；初轮再带动各级机械齿轮旋转；最后由末一级的齿轮带动有指针的钟轮转动，指针就会在仪表上指示时间。

漂移的大陆

3亿年前,地球上的陆地是一个整体。

约2亿年前,陆地开始分裂。

1.35亿年前,大西洋形成。

1000万年前,地球上的几大洲形成。

地球诞生之初,所有的大陆都是成片连在一起的,非常完整。随着地球的成长和衍化,那些原本联合在一起的大陆逐渐分裂、漂移到了今天的位置,形成了如今的七块大陆以及四个大洋。这一点我们可以从世界地图中得到证实,如果你仔细观察就会发现大西洋两岸的非洲、南美洲的边缘地带可以像拼板一样联结成完整的一块。

地球上的陆地分散在海洋中,被人们划分为六个大陆,分别是欧亚大陆、非洲大陆、北美洲大陆、南美洲大陆、南极洲大陆、大洋洲大陆,其中,欧亚大陆是欧洲大陆和亚洲大陆的合称,因此有的地方也说是七个大陆。

早在1620年,英国哲学家培根就注意到南美洲东海岸与非洲西海岸轮廓彼此吻合的现象,并提出了西半球(南、北美洲)与欧洲、非洲曾经连接的可能性。

20世纪初,德国物理学家魏格纳在看世界地图时,也惊奇地发现了南美洲大陆和非洲大陆边缘形态正好可以拼接起来。从这里入手,他搜集了大量有关地质结构、气候、岩石和化石材料。他根据大洋岸弯曲形状的某些相似性,于1912年提出了大陆漂移的假说。他认为,大约3亿年前,美洲、非洲、欧洲,还有印度、澳大利亚、南极洲等大陆是一个整体,被称为泛大陆或是"联合古陆"。后来在天体引潮力和地球自转产生的离心力的共同作用下,这一整块大陆分裂成很多块,逐渐漂移分离。这些花岗岩陆块像是浮在水面上的冰块一样漂浮在海洋上。

现在的大陆分布状况大约是这样形成的。美洲向西移动,脱离了欧洲和非洲大陆,它们之间形成了大西洋。非洲大陆也

魏格纳

逐渐和亚洲脱离。在此过程中，非洲大陆又顺时针扭动，两者中间形成印度洋。南极洲和澳大利亚则向南移动，之后又分开形成了现在的样子。但魏格纳的理论在当时被看成是荒谬的学说。直到1960年他的"大陆漂移"说才最终被公认。

六大板块漂移的方向示意图

不断扩张的海底能够很好地证实大陆的漂移。纵贯大洋底部的洋中脊，是形成新洋底的地方；地幔物质上升涌出，冷凝形成新的洋底，并推动先形成的洋底向两侧对称地扩张；海底与大陆结合部的海沟，是洋底灭亡的场所。当洋底扩展移至大陆边缘的海沟处时，向下俯冲潜没在大陆地壳之下，使之重新返回到地幔中去。

1968年法国地质学家勒皮雄与麦肯齐、摩根等人提出的一种新的大陆漂移说——板块构造学说，它是海底扩张说的具体引申。这一理论把构成地表的岩石圈划分为六大板块，它们是太平洋板块、亚欧板块、印度洋板块、非洲板块、美洲板块和南极洲板块。这些板块都在运动，相互挤压、碰撞，不断改变着地球的面貌。

新全球构造理论认为，不论大陆壳或大洋壳都曾发生并还在继续发生大规模水平运动。但这种水平运动并不像大陆漂移说所设想的，发生在硅铝层和硅镁层之间，而是岩石圈板块整个地幔软流层像传送带那样移动着，大陆只是传送带上的"乘客"。

◆ 七大洲

原来地球表面的一整块大陆现在被分裂成为了七个大洲，按照其面积的大小来排列，分别是：亚洲、非洲、北美洲、南美洲、南极洲、欧洲和大洋洲，除南极洲外，其他大陆都有人类定居。我们中国位于亚洲的东部。

海底扩张示意图

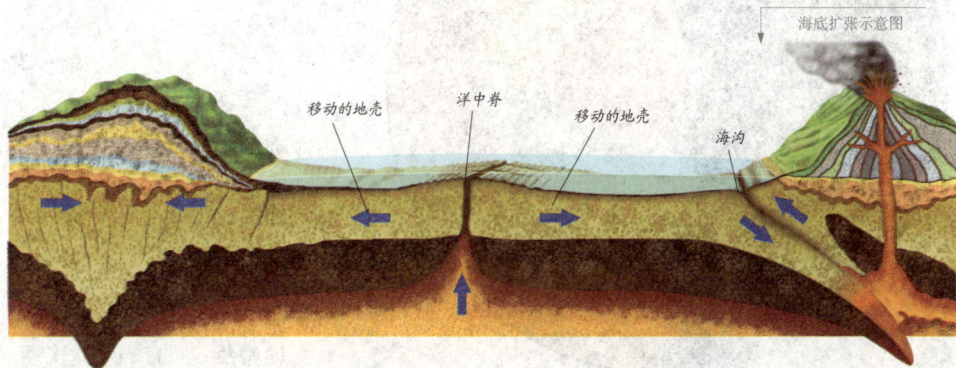

移动的地壳　洋中脊　移动的地壳　海沟

地壳的组成

岩石圈是组成地球的各个圈层之一，人们也通常把它叫做地壳。由此看来，地壳是由岩石组成的。岩石是天然产出的具一定结构构造的矿物集合体，是构成地壳和上地幔的物质基础。而矿物则是指地壳中化学元素在各种地质作用下所形成的自然元素和天然化合物。所以说，各种化学元素才是地壳的基本组成部分。

目前已发现组成地壳的化学元素有 90 多种。其中，氧占的比重最大，按照重量百分比约占 50%，它大都是以氧化物的形式存在各种矿物中。接下来是硅和铝，分别占到了总量的 25% 和 10%。这三种是组成地壳最主要的元素。再加上铁、钙、钠、钾和镁，以上 8 种元素占 97% 以上。

地球上已知的矿物已有大约 3 000 种，它们大都以固态的形式存在，也有少数是呈液态或气态的，比如说自然汞和天然气。固态矿物也根据其性状的不同，分为结晶矿物和胶体矿物。规则的几何外形是结晶矿物的一大特点，像是具有平坦的晶面、笔直的晶棱等。这都取决于它确定的内部构造。结晶矿物的质点在三维空间呈周期性重复排列。胶体矿物则多呈肾状、葡萄状、结核状和钟乳状等浑圆形态，只有少数为被膜状。

不同的矿物具有不同的物理特性，如颜色、软硬、

地球内部结构示意图

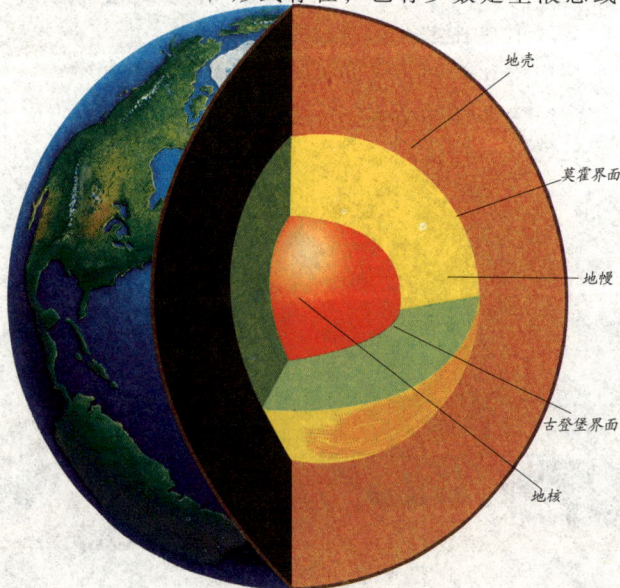

地壳

莫霍界面

地幔

古登堡界面

地核

轻重、光泽等。首先，矿物本身的内部结构和形成时外在环境的制约，是决定它形态的主要因素。由此，矿物可分为矿物单体形态和矿物集合体形态，然而绝大多数矿物均以集合体形式出现。其次，矿物的力学性质是指矿物受外力作用时显示出来的性质。在对矿物的研究中，研究人员通常通过刻画、摩擦、打击、弯曲等方式，来掌握矿物的硬度、解理、断口、密度和比重等。第三，特殊的矿物具有它特有的颜色、条痕、光泽和透明度等，这就是矿物的光学性质，也就是矿物对光的吸收、反射、折射以及光在矿物中传播的性质。除了以上提到的，少数矿物还具光性、磁性、压电性、放射性和特殊的味道等。这些特性除了对鉴定矿物提供有效的资料外，在工业上也具有相当的价值。

陆壳最厚的地方是喜马拉雅山一带

矿物的生成主要有从液体中形成、从气体中形成和从固体中形成三种。像海水中的结晶出盐的过程，就是从液体中形成矿物的过程。火山口附近所形成的硫磺、雄黄，是由火山喷发出的气体冷却形成。这个过程就是从气体中形成矿物。从固体中形成矿物就是指原来的固体矿物在温度、压力等条件变化的情况下产生新的矿物。

在地壳中分布最广的是造岩矿物，主要有石英、长石、辉石、云母、角闪石等。石英是最主要的造岩矿物，通常为柱状、粒状或是块状。纯净的石英没有颜色，或是呈现出乳白色，含有杂质的为紫色、烟黑色或玫瑰色。长石也是最重要的造岩矿物之一，这是一种含有钾、钠和钙的铝硅酸盐。云母在岩石中多成无定形鳞片状，能揭成很薄而发亮的薄片。

地壳就是由这样多种多样的矿物构成的，当这些矿物集中出现在某一个地方时，就会形成具有开采意义的矿床。

◆ 地壳运动

根据地壳运动的性质和方向，可以分为水平运动和升降运动两种。水平运动使岩层发生水平位移和弯曲变形；升降运动则使岩层表现为隆起或凹陷，从而引起地势的高低起伏和海陆变迁。

27

褶皱和断层

　　褶皱和断层都是常见的地质构造。褶皱是由于岩石之间的压缩作用而形成的弯曲变形；地壳岩层因受力达到一定强度而发生破裂，并沿破裂面有明显相对移动的构造就是断层。断层是由地壳运动中产生强大的压力和张力，超过岩层本身的强度对岩石产生破坏作用而形成的。

　　褶皱只跟受到的压缩力有关，由于岩石受到的压缩力因年代的不同而有所区别，于是地质学家就可以据此区分不同的地质阶段和地质年代。褶皱可分为背斜和向斜两种形式。背斜指地层向上弯曲的拱起部分，向斜是地层向下弯曲的槽形部分；背斜在褶皱的顶部，呈"A"形，向斜在褶皱的底部，呈"V"形。

　　因为岩层所受的力量不同，所产生的弯曲变形也不同，因此褶皱的形态变化多端。一个褶皱会从单斜褶皱变为不对称褶皱，然后再变成倒转褶皱，最后变为平伏褶皱；一系列重复褶皱还会产生更多平等的褶皱，叫做等斜褶皱。

　　根据褶皱的形式，褶皱山分为单背斜形成的褶皱山（如

喜马拉雅山的褶皱地貌

中国重庆附近的歌乐山）、多褶皱山（如法、瑞交界的侏罗山）、褶皱推覆体山（如阿尔卑斯山）等。这些山体的走向与构造线一致，地貌分类中常有背斜山、向斜山、单面山、猪背岭等称呼出现。世界上高大的褶皱山脉一般位于碰撞板块的交界处，正是由于这些山脉几乎都是大陆边缘板块发生挤压而形成的。如喜马拉雅山形成于印度板块挤入亚洲大陆的地方。

断层是构造运动中常见的构造形态，它大小不一、规模不等，小的不足一米，大到数百、上千千米。但共同点都是破坏了岩层的连续性和完整性，在断层带上岩石往往破碎，易被风化侵蚀；沿断层线常常发育为沟谷，有时出现泉或湖泊。

断层有三种类型：平移断层、正断层和逆断层。平移断层又叫横断层或走向断层，它是断层沿着断层面按水平方向的左右移动；正断层又叫倾向滑动断层，它是指沿着断面的倾斜角顺势下滑移动的断层；逆断层是岩块上滑高出另一岩块的断层，跟正断层相对。断层并非一个面，在地质图上也不是一条线，而是呈长条状，宽度不一，随断层规模的不同，可能为数米，也可达数十米，我们将它称为断层带。

两条断层中间的岩块相对上升，两边岩块相对下降时，相对上升的岩块叫地垒，常常形成块状山地，如我国的庐山、泰山等。两条断层中间的岩块相对下降、两侧岩块相对上升时，形成地堑，即狭长的凹陷地带。著名的东非大裂谷和我国的汾河平原和渭河谷地都是地堑。

贯穿于美国加利福尼亚州的圣安德烈斯断层，是最大的平移断层，它是由于太平洋板块上面擦过北美板块造成的，该断层正是两大构造板块之间的断裂线，在这里，北美板块正在向北移动，而太平洋板块则正在向南移动。

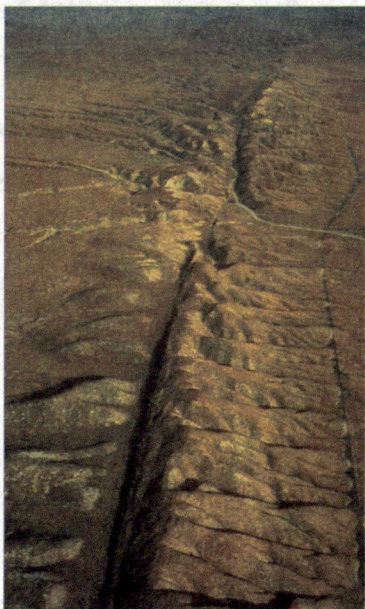

圣安德烈斯断层

平移断层　　　　正断层　　　　逆断层

褶皱和断层的野外识别方法

褶皱在形成后，背斜部分由于受到风化破坏，可能形成河谷低地，而向斜部分可能形成山脊。所以观察时应该垂直于岩层走向，当岩层重复并出现对称分布时就可断定有褶皱构造了。看擦痕是识别断层的主要方法。顺着擦痕的方向摸，感觉光滑的方向就是滑动的方向。

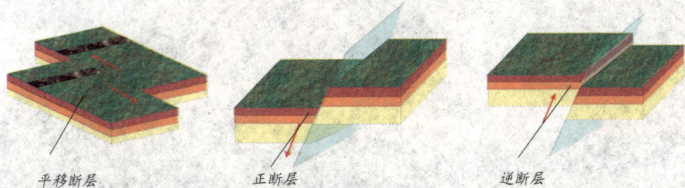

石头的分类

岩石，就是人们通常意义上说的石头，是组成地壳的主要成分。它是多种矿物组成的混合物，它的产生和发展也经历了一个必要的地质过程。根据形成原因的不同，人们把自然界中的岩石分成三类：岩浆岩、沉积岩和变质岩。

花岗岩是火成岩的一种

岩浆岩，顾名思义，它的形成与岩浆有关。岩浆在地壳深处或在上地幔中形成，当地壳发生变动时，岩浆就会侵入到地壳上部或者喷出到地表，在低温中经过冷却固结，最终结晶成岩石。因为它是由炽热熔岩冷凝而成的，所以还有个名字是火成岩。它是组成地壳的主要岩石，占地壳总质量的89%。硅酸盐是岩浆的主要成分，其实是各种金属氧化物，此外还含有一些少量元素。

根据岩浆冷却条件的不同，岩浆岩又分为深成岩、喷出岩和火山岩。岩浆在地壳深处受到很大的覆盖压力，从而缓慢冷却形成的岩石叫做深层岩。花岗岩、闪长岩、辉长岩等都属于深层岩，它们的共同特点是构造致密，抗压强度高等。喷出岩是熔融的岩浆喷出地表后，在压力降低、迅速冷却的条件下形成的岩石，如玄武岩。要是岩浆在喷出后形成很厚的一层，那么冷却形成的岩石就会具有和深成岩相似的特性；要是岩浆层很薄，就会形成具有多孔结构的岩石。火山岩是岩浆在喷到空中，经急速冷却后落下而形成的碎屑岩石。这

艾尔斯巨石是目前世界上最大的整块不可分割的单体巨石。它的砂岩富含浅红色，其色泽会随着一天阳光的变化而从橙色变为琥珀色，再变成深红色，巨石因此闻名于世。

青少年成长必读人文科学知识丛书

些岩石大都具有多孔结构。

沉积岩的形成依靠的是堆积作用。在地表不太深的地方，经过水流或冰川的搬运、沉积，一些岩石的风化产物或是火山喷发物逐渐在一个地方堆积起来，就形成了沉积岩。因此它也被称做水成岩。组成沉积岩的物质是一些砾石、砂、黏土、灰泥和生物残骸等松散物质。在形成岩石后，就分布在地壳的表层，露出地面的面积约占75%。最常见的沉积岩是页岩、砂岩和石灰岩，它们占沉积岩总数的95%。

由于沉积岩特殊的形成过程，所以它的岩层中留了许多地球的历史信息，包括有古代动植物化石，沉积岩的层理有地球气候环境变化的信息。也因此绝大部分矿产大都蕴藏在沉积岩的地层中，如煤、石油、非金属、金属和稀有元素矿产等。

变质岩的前身就是岩浆岩和沉积岩。它们在地球内力的作用下，构造上发生了变化，于是变成了新的岩石种类，也就是变质岩。作用于这些岩石的力量主要有温度、压力、应力的变化、化学成分等。它们使岩石发生物质成分的迁移和重结晶，形成新的矿物组合。一般变质岩是在地下深处的高温（要大于150摄氏度）高压下产生的，后来由于地壳运动而出露地表。

原始的岩石受变质作用的程度不同，变质情况也不同，一般分为低级变质、中级度质和高级变质。变质级别越高，变质程度越深。岩石在变质过程中会形成新的矿物，所以变质过程也是一种重要的成矿过程。

◆ 页岩

　　页岩是沉积岩的一种，具有较为复杂的成分和薄片状的层结构，是一种细粒泥质黏土岩。它具有质软、性脆、容易断裂的特性。砂岩也是沉积岩的一种，有着类似砂石的粒状结构，和页岩具有相似的特性。

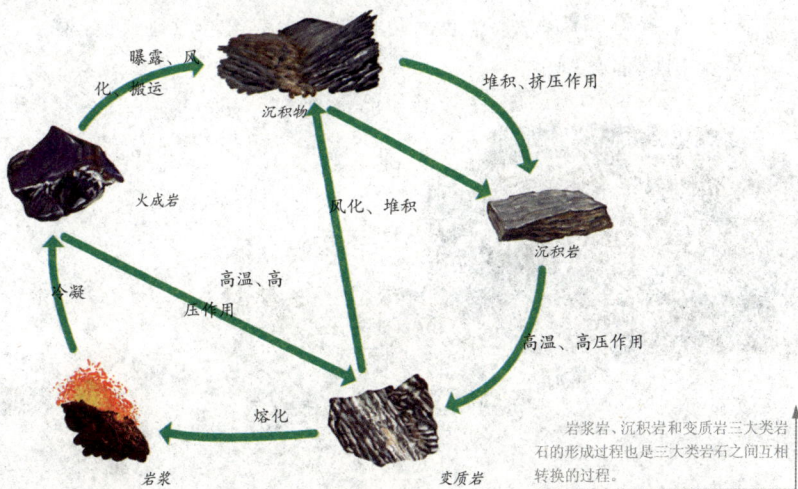

曝露、风化　搬运

堆积、挤压作用

沉积物

火成岩

风化、堆积

沉积岩

冷凝

高温、高压作用

高温、高压作用

熔化

岩浆

变质岩

岩浆岩、沉积岩和变质岩三大类岩石的形成过程也是三大类岩石之间互相转换的过程。

31

金属矿

有一些岩石中可以提取一定量的金属供工业上用，这些就是金属矿。除了金和铜这两种金属可以独立在自然界中存在，其他的大多数金属都是从矿石中提炼出来的。一般在矿床中含量较大的金属比较容易提炼，但是像锂、钇等地壳中含量较少的金属比较难提炼。金属在人类的日常生活中用途非常广，因此，只要你细心，就可以发现其中点滴的小秘密。

地球的球心主要是由铁组成的，所以在整个地球中铁是含量最高的元素。地壳中的铁通常以化合物的形式存在，含铁的矿物有几百种，主要的有赤铁矿、褐铁矿、磁铁矿等。

金是较早被人使用的一种金属，它具有深黄色的光彩，比较软，延展性也很好。金的用途很广，它主要作黄金储备、装饰品和货币，约占生产总量的75%；此外，在二极管和晶体管中可作引线的触点和抑制器；用做能量反射器。铜是一种淡红色金属，质地坚韧，有延展性。铜具有耐腐蚀性，可用于电镀；不同的铜合金具有不同的机械性能；碱式碳酸铜和氧化铜可作颜料；氯化亚铜和氯化铜是化学工业和石油工业常用的催化剂。

银是导电性和导热性最高的金属，它的

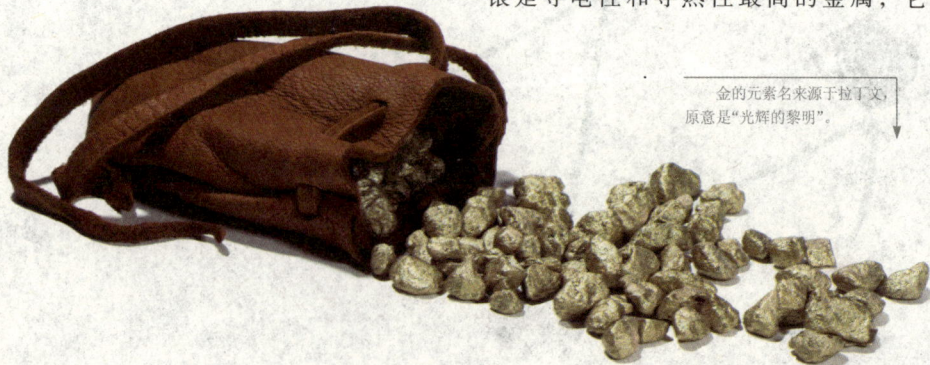

铜制的罗马硬币

铝土矿

金的元素名来源于拉丁文，原意是"光辉的黎明"。

青少年成长必读 人文科学知识丛书

金矿开采

延展性仅次于金，能与铜、金、锌、铅等金属形成合金。银的最大用途是与其他金属制成合金，用于货币、饰物、电池等方面。银的化合物用途很广，硝酸银可用于镀银和银镜，磷酸银可作催化剂，卤化银可用于照相，碘化银可用于降雨等。

银制品

铝土矿是炼铝的主要矿石，它主要由三水铝石、软水铝石、硬水铝石、黏土矿物、赤铁矿、石英等混合而成。法国的博奥是著名的铝土矿产地，在中国，山西的铝土矿资源也非常丰富。铝是一种银白色的轻金属，它具有导电率高、导热性好、富展性、易加工、抗腐蚀和具有光亮的颜色等性质。铝在人类的生产生活中到处可见，从生活日用品、食品饮料、容器包装、土木建筑、电力通信、设备仪器、金属制品及汽车、火车、舰艇、飞机等上都能见到。

镍是一种银白色的金属，特点是具有铁磁性和延展性，能导电和导热，它的主要用途在于制造不锈钢和抗腐蚀合金。镍在地壳中的含量很少，大概只有0.018%，它主要是从海底的锰结核中提取出来的。

锡是一种可延展的、柔软的、银白色的金属，它是一些重要合金如青铜的组成部分。锡还很容易与铁结合，它被用来做铅、锌和钢的防腐层，涂锡的钢罐常用于贮藏食物。

铅和锌都是银白色的金属，只是铅在空气中会失去光泽变成暗灰色，它很少以游离状态存在于自然界；而具有金属光泽的锌在自然界中是不存在游离状态的，它只以化合物的形式存在。

◆ 汞

汞就是我们常说的水银，它是一种液体金属。尽管汞有着广泛的用途，但它及它的化合物毒性都很大，如果不小心进入人体就会引起中毒甚至死亡。

海洋中蕴藏着丰富的金属矿——锰结核，储量可供全球使用千万年之久。

金刚石

钻石▲

由它的名字就可以看出，金刚石具有无坚不摧的特点。它是世界上最坚硬的物质，可以轻易地刻画任何物质，并且永远不会被磨损。利用这一特性，人们用它来制作钻头、裁玻璃，它也因此得名"钻石"。

在中世纪末期的远东，发现了世界上第一批金刚石。然而后来真正的钻石工业则发源于非洲，特别是南非，这里是金刚石的高产地。这个地区的金刚石常常存在死火山的喷井中。科学家经研究得出结论，金刚石是由碳元素构成的。碳是组成地壳的元素之一。碳元素在 140 ~ 200 千米深的地球内部，在 1 140 ~ 1 400 摄氏度的高温、4 558 ~ 18 234 兆帕条件下，经过了 32 ~ 34 亿年的时间慢慢演变结晶成了金刚石。

碳元素大约占地壳总质量的千分之四，地球上很多物质都是由碳元素组成的。像人们日常使用的铅笔的笔芯，也是

钻石是南非的国石，它不仅改变了南非的历史，也成为南非的经济支柱。目前南非钻石储量位居世界第二。下图为位于南非金伯利镇上的世界最大钻石矿坑。

青少年成长必读 人文科学知识丛书

由碳元素组成的。笔芯的主要成分是石墨。石墨和金刚石是两种性状完全不同的物质，这些都是因为碳原子的排列方式不一样。组成金刚石的每个碳原子都与其他的四个最靠近的近邻形成四面体的取向，这种类型的结构能使晶体在三维空间中有很高的强度。然而构成石墨的碳原子是一种层状结构，层与层之间容易滑动，所以石墨的质地非常软。

钻石居世界五大珍贵高档宝石之首，素有"宝石之王""无价之宝"的美誉。白天的时候，当太阳光照射到金刚石的表面，各种色光就会经过折射被一一分离，整个金刚石的表面呈现出耀眼的光芒。这正是因为金刚石是天然宝石中折光率和色散度最大的宝石。无色的金刚石显得璀璨无比，有色金刚石则会显得更加异彩纷呈。不过刚刚开采出来的金刚石并没有宝石的外形和光彩，通过切割和磨光等工艺才给它们以光耀的外形。

上图为世界四大钻石之一的"蓝色希望"，重达 44.53 克拉，原产于印度西南部，现存于美国华盛顿史密森博物馆。

不是说金刚石是世界上最坚硬的物质吗？有什么方法可以对它进行切割和打磨加工呢？这些也要从金刚石自身的物理性质出发。金刚石本身的性质很稳定，即使在强酸强碱溶液中也不会被腐蚀。但是它的质地却很脆，而且在 800 ~ 1000 摄氏度的高温下，它就会燃烧成一缕青烟。正是因为它易于燃烧的特性，人们就用高速旋转的玛瑙或是金属轮子对它进行打磨。在摩擦中会产生高温，导致局部燃烧，从而打磨出金刚石光亮的表面。

金刚石不仅可以加工成价值连城的珠宝，在工业中有着非常重要的作用：它硬度高、耐磨性好，被广泛地应用在切削、磨削、钻探等方面；它有优良的透光性和耐腐蚀性，在电子工业中也得到广泛应用。现在人们已经掌握了人造金刚石的技术。美国通用电气公司在 1955 年专门制造了高温高压静电设备，得到世界上第一批工业用人造金刚石小晶体，开创了工业规模生产人造金刚石磨料的先河。后来杜邦公司用瞬时爆炸产生的高压和急剧升温，也获得了几毫米大小的人造金刚石。之后，金刚石薄膜的出现使金刚石的热、电、声、光性能得以充分发挥。

◆ 碳元素

碳在地壳中的质量分数为 0.027%，分布很广。主要以化合物形式存在的碳有煤、石油、天然气、动植物体、石灰石、白云石、二氧化碳等。

煤

煤是一种应用很广泛的矿产，既是动力燃料，又是化工和制焦炼铁的原料，素有"工业粮食"之称。它是由一定地质年代生长的繁茂植物，在适宜的地质环境中，逐渐堆积成厚层，并埋没在水底或泥沙中，经过漫长地质年代的天然煤化作用而形成的。煤是一种不可再生的能源，而且储量有限，所以要合理开发和使用。

煤是一种最主要的固体燃料，是可燃性有机岩的一种，根据煤化程度的不同，煤可分为泥炭、褐煤、烟煤和无烟煤四类。

泥炭又名泥煤、草炭，主要是由沼泽植物残体腐植质组成，是煤化程度最低的煤。

大多煤形成于3亿5千万年前的石炭纪。这是石炭纪的沼泽森林植物。在煤形成前，先会形成一种纤维物质——泥炭。泥炭既可作燃料，又是促进植物生长的养料。泥炭质地疏松、褐色、无光泽、比重小，可看出有机质的残体，用火柴烧可以引燃，烟浓灰多。泥炭在受沉积物压缩后，就会形成褐色煤。褐煤呈褐色或褐黑色，光泽暗淡。煤化程度高于泥炭，属于年轻煤。

褐煤

褐煤是在低温和低压下形成的，如果褐煤埋藏在地下较深位置时，就会受到高温高压的作用，使褐煤的水分和挥发成分减少，含碳量相对增加；密度、比重、光泽和硬度增加，而成为烟煤。烟煤进一步变质，成为无烟煤。烟煤颜色为黑色，有光泽，致密状，用蜡烛可以引燃，火焰明亮，有烟。无烟煤颜色为黑色，质地坚硬，有光泽，用蜡烛不能引燃，燃烧无烟。

烟煤

煤的化学成分主要为碳、氢、氧、氮、硫等元素，煤的含碳量一般为46%～97%，呈褐色或黑色，具有金属光泽。无论是在工业上还是民间，煤都是常用的燃料，可以获取热量

无烟煤

或提供动力。煤可以用来发电，燃煤热能能转化为电能进行长途输运，这是世界电能的主要来源之一。煤燃烧残留的煤矸石和灰渣可作建筑材料；煤还是重要的化工材料，可用来炼焦、高温干馏制煤气；煤还用于制造合成氨原料；低灰、低硫和可磨性好的品种还可以制造多种碳素材料。

煤焦油又称煤膏，是煤干馏过程中得到的一种黑色或黑褐色黏稠状液体，它是煤炭在焦化过程中产生的。它具有特殊的臭味，可以燃烧并且有腐蚀性。煤焦油含有上万种成分，其中很多有机物是生产塑料、合成纤维、染料、橡胶、医药、耐高温材料等的重要原料。它不仅可以作为原料制造数百种新化工产品，未经精炼的木馏油还可以作木材防腐剂，分离木馏油可用来制造除害剂和药物。

因为煤炭资源的埋藏深度不同，所以开采的方法也不同。对于埋藏较深的一般采用"矿井开采"，而埋藏较浅的通常使用"露天开采"。如果要衡量开采条件的优劣，我们就看可露天开采的资源量在总资源量中比重的大小。中国可露天开采的煤储量仅占7.5%，美国约为32%，澳大利亚约为35%。中国采煤以矿井开采为主，如山西、山东、徐州及东北地区大多数采用这一开采方式；也有露天开采，如内蒙古霍林河煤矿就是我国最大的露天矿区。

◆ 露天采矿

从敞露地表的采矿场采出有用矿物的过程就是露天采矿。这种采矿方法适用于埋藏较浅或地表有露头的矿体。它的主要工作过程包括穿孔爆破、采装、运输和排土。

中国是世界最大的燃煤大国，能源结构以煤炭为主体。

石油

石油被称为"黑色的金子"

石油是埋藏在地下呈黑色或褐色的、可以产生能量的油，它是一种不可再生的能源。汽车使用的汽油、柴油，飞机的燃油、煤油等都是从石油中提炼出来的。石油在世界各国工业化进程中，占有举足轻重的地位，有着"工业的血液"的美称。

石油是由原始生物的尸体形成的。原始生物在死去之后，它们的尸体沉降于海底或湖底并被淤泥覆盖。它们的细胞内含有脂肪和油脂，这些脂肪和油脂是由碳、氢、氧等元素组成的。随着地下的砂石层逐渐变成岩石层，在岩石层的压力和细菌的作用下，原始生物遗骸中的氧元素渐渐与其他元素分离，碳和氢重新组合成新的碳氢化合物。石油会穿过疏松的岩石层向上流动，一直流到致密的岩石层被挡住，慢慢聚积形成了最终的油田。地球上已知的碳氢化合物大约有3 000多种，石油就是由其中350多种形成的。

石油原油的大部分物质是碳氢化合物，石油化工厂利用石油产品可加工出5 000多种重要的有机合成原料。常见的色泽美观、经久耐用的涤纶、尼纶、腈纶、丙纶等合成纤维，能与天然橡胶相媲美的合成橡胶，苯胺染料、洗衣粉、糖精、人造皮革、化肥、炸药等等都是由石油产品加工而成的。

尼龙是最早完全由化工制品合成的物质。尼龙颗粒加热至260摄氏度形成为溶液。此溶液被挤压通过喷丝头，聚合物从细孔中出来进入冷空气，形成固体的尼龙丝。这些细丝再在一特殊的冷却槽中加以

石油经过提炼后，剩下的沥青也可以用来铺路。

处理，纺成长线，绕在线轴上。石油里提炼出的乙烯和水反应生成用于香料的溶剂。炼石油最后剩下的石油焦和沥青也能派上用场，石油焦作炼钢炉里的电极，可以提高钢的产量，还可用它作为制造石墨的原料；沥青则可以制作油毡纸或铺路。

地球上蕴藏着丰富的石油，据估计它的蕴藏量为1 000多亿吨，其中海洋里蕴藏着700多亿吨左右。为了获得这些宝贵的资源，人们先用钻油机械装置往地层深处钻洞，再将石油抽到海洋表面，装入大油轮，或通过海底输油管，运送到岸上的炼油厂。世界上20%的石油，是由石油钻井从海底抽上来的。在北海有一架钻井，每天能从海底抽出32万升石油。按平均每辆汽车消耗55升石油计算，这架钻井生产的石油，可以为5 800辆汽车提供足够的汽油燃料。

位于亚洲阿拉伯半岛东北部，波斯湾西北岸的科威特，是世界主要石油生产国和出口国，不仅石油储量居世界前列，国内多大型油气田，而且石油出口占出口总值的90%以上。炼油、石油化工等部门发展较快。印度尼西亚每天生产110万桶石油，是东南亚最大的石油生产国。1960年9月14日由各国代表在巴格达开会商议成立一个协调机构，"石油输出国组织"正式宣告成立，之后成员国由5个增加到13个，该组织总部设于奥地利首都维也纳。

◆ **石油加工**

石油是一种非常重要的化工原料，可以说，它浑身都是宝。石油经过蒸馏可以得到不同的燃料，可分离出汽油、柴油、煤油，还有像液态烃这样的气体燃料。此外经过加工，石油还可以加工成润滑油和润滑脂以及工业溶剂。就连最后剩下的残渣，也可被加工成沥青，用来铺路。

海上钻井比在陆地上钻井要困难得多，因为海面动荡不定，要保持钻井稳定，就要建造一个高于海面的工作台或者钻井平台，然后在平台上开展钻探活动。

天然气

天然气是一种埋藏在地下的可燃气体，它是埋在地层中的古代生物经过地质作用形成的。天然气多藏在油田、煤田和沼泽地带中。在常规能源中，它属干净而且开采比较方便的能源。天然气不但可直接作为燃料，供发电、供暖、炊事之用，而且是宝贵的化工原料，用它可以制备上百种化工产品。

天然气主要由气态低分子烃和非烃气体混合组成，化学性质非常活泼。它有着污染小、热值高的特点。在燃烧后，它所产生的温室气体只有煤炭的1/2，石油的2/3，对环境造成的污染远远小于石油和煤炭。而且，它能够产生更多的热能，煤气热值为12 560千焦，而天然气的热值则高达35 588千焦。

天然气和石油的形成是同一过程的，只是组成天然气的主要成分是比石油更轻的碳氢化合物，所以它是以气态的形式存在。这种碳氢化合物的名字叫做"甲烷"，是最短和最轻的碳氢化合物分子。在油田和煤层，通常也会有这种气体产生。当非化石的有机物质发生厌氧腐烂时，就会产生甲烷。它是一种非常高效的温室气体，被释放到空中后会导致全球升温。但是它能够与臭氧发生反应产生二氧化碳和水，所以它对于地球造成的污染是暂时性的。

天然气多是在矿区开采原油时伴随而出的，过去因无法越洋运送，造成推广的困难和使用的浪费。现在有了特殊的冷冻船，可以将液化的天然气运送到接收站，再送到低温储蓄槽进行储存。液化天然气的体积约为同量气态天然气体积的1/600，方便存储和运输。需要使用的时候，只要将液态天然气周围的环境恢复到常温，就可以通

最早的时候，由于运输技术的限制，人们只能将石油开采中的伴生气——天然气点燃释放掉。

青少年成长必读人文科学知识丛书

过长途输送管道，输送到各用户供其使用了。

中国古代把天然气称做"火井"，据晋朝《华阳国志》记载，早在秦汉时代，中国不仅已发现了天然气，而且开始发掘和利用天然气，在四川用天然气煮盐的方法一直从汉代延续到现在。虽然中国天然气利用已有相当悠久的历史，但天然气工业起步却很晚，与世界许多国家都有较大差距。全球天然气占总能源消费的24%，而目前中国仅占能源消费结构的3%，甚至低于印度的8%。

目前，许多国家只处在发展天然气的初始阶段，只有少数国家，如俄罗斯、印尼、挪威、阿尔及利亚和马来西亚等国才出口天然气。一些工业发达国家正在积极开发天然气汽车，他们认为可以用压缩天然气作为城市公共汽车、轻型汽车和私人小汽车的燃料。

值得一提的是，"特罗尔"号平台是欧洲最大的天然工程项目的组成部分。它从海底抽取天然气，将为21世纪的欧洲提供所需天然气的10%。"特罗尔"号平台耸立在海上达472米。它是最高的平台，也是曾建造过的最大的人工建筑和最高的混凝土结构之一。它比埃菲尔铁塔还高。整体用混凝土和钢制成的立柱，耗用的钢材足够建造15座艾菲尔铁塔。

◆ 天然气的利用

首先，天然气可用于发电，可以缓解能源紧缺，减少燃煤发电产生的污染。其次，天然气是制造氮肥的最佳原料。第三，天然气作为民用燃料的经济效益也大于工业燃料。

"特罗尔"号天然气钻井平台

地球的故事

41

溶岩洞穴

洞穴跟高山、平原等一样，是陆地表面的基本地形。很久以前，原始人都居住在山洞里；如今发现的洞穴主要被开发成旅游资源，洞穴风光、洞穴生物、洞口附近的古建筑以及与洞穴密切相关的古代宗教文化，相比普通的地表景观而言，具有独特的魅力。有些没有完全被开发出来的洞穴则是许多探险者探险的好去处。

溶洞是一种天然的地下洞穴。由于它的物象和空间环境给人以美的感受，所以常常会成为风景区或风景点。溶洞的形成依靠的是自然界中水的力量。自然界中的水溶入二氧化碳就形成了一种弱酸。含弱酸的水流过石灰岩的裂隙，就会将石灰岩溶蚀成地上的石林和地下的岩洞等。在漫长的岁月里，这种含有二氧化碳气体的地下水不断对石灰岩溶解，使得溶洞在形成过程中不断扩大，并且相互连通，形成了大规模的世界。

溶洞

地下溶洞虽然像建筑物，但是它和建筑物是不同的，因为它是自然的产物。地下岩洞的洞顶有很多裂隙，水不断往下渗，水分蒸发后，石灰质沉淀下来，就渐渐长成了钟状的石钟乳。石钟乳的生长速度十分缓慢，大约几百年才能长长一厘米。洞顶上的水滴落下来时，里面所含的石灰质就会在地面上一点点沉积起来，犹如一根根冒出地面的竹笋。由于竹笋比较牢固，所以它的生长速度比石钟乳快，有时能形成30多米高的石塔。往下长的石钟乳与往上长的石笋相连就形成了石柱。

溶洞的形态多种多样，不过大都是由厅堂和通道组成。地下水循环带的空间、发育阶段的时间和外力作用叠加的不同，导致各个溶洞的形态各异。根据形态不同，溶洞可分为垂直型溶洞和水平型溶洞。

洞穴内储有丰富的矿产资源，主要有锡、铝土矿、压电石英、水洲石、芒硝等，汞、钽、铌、铀、镭等稀有元素也与洞穴有关。早在几十年前，人类就利用洞穴里特殊的环境治疗呼吸道、皮肤等病症。

世界上最深的洞穴是地处阿尔卑斯山中的让·贝尔纳山洞，该山洞的结构很复杂，洞穴通道经过的地方，有好几处积满了水。1982年，法国一个洞穴家小组曾下到这个洞的1 490米深处。

世界最长的洞穴是位于美国肯塔基州的猛犸洞，它的总长度超过240千米，由255条地下通道组成，一共分为5层，上下左右都可连通，形成一个曲折幽深的地下迷宫。猛犸洞也被称为"水帘洞"，因为它里面有7个由流水形成的自然瀑布。

中国云南的路南石林，面积达267平方千米，在这一地域内石峰林立，最高的石柱高达30米，是世界同类型中最大的石林。

石钟乳

云南路南石林

◆ **无底洞**

无底洞，也称"落水洞"或"天然井"，是地表水流沿石灰岩岩层进行侵蚀时形成的垂直洞穴，是地表水流入地下河的主要通道。无底洞形态不一，深度可达到100米以上。

水的循环

地球上贮备的水资源是有限的，可供人类直接使用和饮用的又是其中很少的一部分。那为什么科学家会将它划分到可再生能源呢？就是因为它自身存在着一个循环，水就是在这个过程中不断得到净化和再生的。

人们在日常生活中看到的水的蒸发、小河流水、天空降雨等其实都是水循环的一部分。水循环包括降水、径流、蒸发三个阶段。降水就是日常见到的雨、雪、雾、雹等，这一过程是将空气中的水分带到地面上。径流包括地表径流和地下径流，是指沿地面和地下流动着的水流，它们的终点都是海洋。蒸发的形式有很多种，这个过程中，地表上的水到达了大气中。水循环就是这样把大气圈、水圈和岩石圈联系在一起。

水的循环按照循环过程和影响范围的不同，分为大循环和小循环两种。大循环过程是：海洋蒸发上升的水汽被气流带到陆地，在陆地上空遇冷凝聚，以降水的方式落到地面。落到陆地表面的水一部分又蒸发重新回到空中，一部分形成地表径流汇入江河，流归海洋。大循环沟通了海洋和

在太阳和地球表面热能的作用下，地球上的水不断蒸发成为水蒸气，进入大气。水蒸气遇冷凝结成水，在重力的作用下，以降水的形式落到地面。这个过程周而复始，可以说从未停止过。

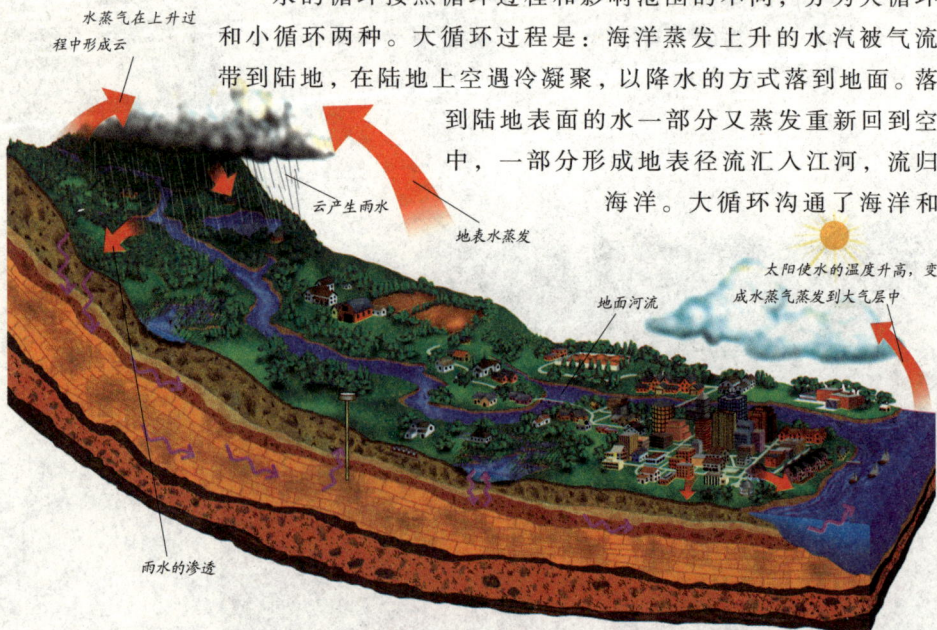

水蒸气在上升过程中形成云

云产生雨水

地表水蒸发

太阳使水的温度升高，变成水蒸气蒸发到大气层中

地面河流

雨水的渗透

青少年成长必读人文科学知识丛书

陆地之间的水迁移与交换。小循环则是指海洋内部或陆地内部的水的迁移与交换现象。也就是从海洋表面蒸发变成的水汽，上升到空中，遇冷凝聚后又降落到海洋上的过程；或者是从陆地上蒸发变成的水汽，上升到空中，遇冷凝聚后又降落到陆地上的过程。

这两种方式的循环不是独立的，而是互相联系的。水循环的总趋势就是将海洋蒸发上去的水汽输送到陆地，而陆地则以径流的方式将水再送回至大海。

海洋内部水的小循环

海洋占地球总面积的71%，蒸发量最多，在水的循环中起着主要作用。大海每年蒸发掉的水量大约有42万立方千米。其中的三分之二完成了海洋内部水的小循环，在海洋上空形成降水，使水重新降落到海洋里。剩下的三分之一被气流带到了大陆上空，和陆地上从植物树叶蒸腾出来的水汽，还有从江湖、土壤中蒸发出来的水汽混合在一起，在陆地上空遇冷凝结，再以雨和雪的形式落到地面。

陆地上每年的总降水量大约有10万多立方千米。其中有三分之二的水参与了陆地上的小循环，它们被地面植物暂时截留，或通过植物蒸腾和地面蒸发而重新返回到陆地上空。还有三分之一的水汽，直接以地面径流的形式重返海洋；也有一部分渗入地下，以地下水的形式慢慢流入海洋。

在整个循环过程中，海洋是循环的出发点和终点。大气和径流是这个过程中的运输工具。水循环是生态系统中生命必需元素运动的介质，没有水循环就没有元素的生物地球化学循环。水循环使地球上的水周而复始地补充、消耗和变化，供人们利用，使水成为可再生的资源。不过说到底，水循环的真正动力来自太阳辐射。太阳为地球提供热量，促使地面增热、海水蒸发、冰雪消融、空气流动，等等。

◆ **人类活动对水循环的影响**

人类为了自身的发展，在必要的时候改变了地球上水的结构，尤其是地表径流。人类构筑水库，开凿运河、渠道等方式，改变了水原来的径流路线，从而影响了水循环的变化。

水循环示意图

河流

地球上的河流大多发源于高山，它们的存在为陆地上的生命提供了水源，世界上所有的人类文明几乎都发源于大河边上。河流的力量是巨大的，在它的作用下，高原能变成平地。

河流是自然形成的天然水道，是在陆地表面经常或间歇有水流动的线形水道。较大一点儿的河流被称做江、河、川，较小的称溪、涧、沟等。每一条河流都有自己的发源地，也称做河源。一般河流的发源大都来自泉水、湖泊、沼泽或是冰川。整条河流按照水文和河谷地形特征分上、中、下游三段，上游的河流流动速度很大，冲刷力很大，河槽里多是基岩或砾石。到了中游，河流的流速就会减小一些，但是随着

印度人认为，在圣河里沐浴可洗净一生的罪孽、来世得到新生，因而每天都有上万人从印度各地涌进印度的瓦腊纳西，在恒河里沐浴。

支流的加入，河流的流量开始加大。这个流段内，河流侧蚀有所发展，河槽多为粗沙。到了下游，河流的流速进一步减缓，流量非常大。河槽里多是细沙或淤泥，这些细沙或淤泥会慢慢地淤积起来，形成浅滩或沙洲。最后，河流从河口流入海洋。

尼罗河不仅是非洲最长的河流，也是世界最长的河流，全长6 671千米。是世界上流经国家最多的国际河流。

有这样一些河流，它并没有直接注入海洋，而是作为其他河流的支流汇入其中。还有一些河流流经干旱的沙漠区，再加上河水沿途以渗漏和蒸发等形式消耗掉，最终就会消失在沙漠中。这种河流有个名字叫做"瞎尾河"。

印度的恒河发源于喜马拉雅山脉，全长2 700多千米，其中上游有2 100多千米在印度境内，下游500千米在孟加拉国。在印度文明的整个发展历程中，恒河起过十分重要的作用。它被印度人视为最圣洁的河流，能在恒河中畅饮、洗浴对印度人来说都是无比荣幸的事。在印度人心目中，它是至高至圣的，被誉为"母亲河"。

伏尔加河是欧洲最大最长的河流，它发源于东欧平原西部的瓦尔代丘陵中的湖沼间，全长3 690千米，最后注入里海，流域面积达138万平方千米，占东欧平原总面积的三分之一。

密西西比河是美国第一大河，它发源于美国西部偏北的落基山北段的崇山峻岭之中，逶迤千里，曲折蜿蜒。在印第安语中，"密西"意为"大"，"西比"意为"河"，"密西西比"即"大河"或"河流之父"的意思。这条大河由北向南纵贯美国大平原，把美国分为东西两半，最后注入墨西哥湾，全长3 950千米。

中国是世界上河流最多的国家，流域面积在100平方千米以上的河流有50 000多条，流域面积在1 000平方千米以上的有1 500多条。雅鲁藏布江是西藏最大的河流，也是世界上海拔最高的大河，它从海拔6 000米以上的喜马拉雅山中段北坡发源，经印度、孟加拉国注入印度洋的孟加拉湾。雅鲁藏布江横穿喜马拉雅山，突然急转向南，形成有名的"雅鲁藏布江大拐弯"。从发源地至入海口，全长2 900千米，流域面积67万平方千米。雅鲁藏布江所流贯的地区，海拔大都在4 500米左右，是世界上最高的大河。

◆ 湄公河

湄公河是东南亚一条重要的国际河流，全长4 880千米，流经中国、老挝、缅甸、泰国、柬埔寨和越南6国沿岸，在中国段境内被称为澜沧江，总流域面积达81万平方千米，是东南亚流经国家最多的河流。它是连接南亚和东南亚的桥梁，也是连接中国和东盟的重要纽带。

湖泊

湖泊是陆地上洼地形成的水域,这些水域停滞或缓慢流动,无论是白雪皑皑的高山、陡峭的深谷、辽阔的平原,还是咆哮的海滨,都能看到湖泊的踪影。湖泊虽然不如海洋浩瀚,不及河流奔腾,但它同样风姿卓越,美丽神奇。

湖泊有内流湖与外流湖之分,内流湖的特点是有进无出,即水流注入某个水域后不会以任何的形式再流出去;而外流湖恰恰相反,它是水流从一侧流入,从另一侧流出,最终流入海洋。还有一种火山湖,它的形成是在火山喷发后,雨水在火山口汇积而成的。这种由火山喷发形成的湖泊一般面积不大,湖水较深,附近常有温泉产生。

里海是世界上最大的湖泊。在地质时代里,随着地壳的运动,里海成了一个内陆湖。

在中国,湖泊的称谓因为地域和民族的差异而有不同的叫法:汉族称为湖;藏族称之为错或茶卡;蒙族称之为诺尔;满族称之为泡子;白族称之为海。江苏、浙江和上海人称之为荡漾;山东人称之为泊;河北人称之为淀;四川人称之为海子。青海湖是中国最大的咸水湖,面积约为 4 500 平方千米,东西长 106 千米,南北宽 63 千米。

青海湖是中国历史名湖。在古时候它被称做"西海",蒙古语里叫它"库库诺尔",藏语称"错温布",意思是"青蓝色的海洋",从北魏起正式更名为"青海"。青海省的省名也是由此而得来的。

有着诸多世界之最头衔的是位于亚欧两洲交界处的里海。它是世界分属国家最多的湖泊,包括亚、欧洲之间的俄罗斯、伊朗、哈萨克斯坦、土库曼斯

贝加尔湖

坦、阿塞拜疆 5 个国家，此外，它还是世界最大的湖泊、最大的内陆湖、最大的咸水湖。

最大深度为 1 640 米的贝加尔湖是世界上最深的湖泊。它位于亚洲东北部、俄罗斯境内，是世界第七大湖泊。这是一个新月形湖泊，容纳了地球全部淡水的五分之一，相当于北美洲五大湖的总水量。如果在这个湖底最深点把世界上 4 幢最高的建筑物一幢一幢地叠起来，第四幢屋顶上的电视天线杆仍然在湖面以下 58 米处。

死海是一个内陆盐湖，它的总含盐量约有 130 亿吨。近年来科学家们发现在死海湖底的沉积物中有绿藻和细菌存在。

位于巴勒斯坦和约旦交界处的死海，是由地壳断裂陷落形成的，水面平均低于海平面约 400 米，是地球上最低的水域，也是世界陆地表面最低点。由于这里的水中只有细菌没有其他动植物，所以人们称之为死海。死海的含盐量达到 24%，是世界上最咸的湖泊，由于湖水含盐量极高，游泳者很容易浮起来。

的的喀喀湖位于秘鲁和玻利维亚两国之间的科亚奥高原上。湖长 200 千米，宽 66 千米，面积 8 330 平方千米，是南美洲最大的淡水湖。的的喀喀湖湖面海拔 3 812 米，平均水深 100 米，最深达 304 米，不仅是世界海拔最高的淡水湖，也是世界最高的可通行大船的湖泊。

◆ "北美大陆的地中海"

在北美洲美国、加拿大两国交界处，自西向东分布着苏必尔湖、密歇根湖、伊利湖、安大略湖和休伦湖，这五大湖连在一起，是世界上最大的淡水湖群，有"北美大陆的地中海"之称。五大湖中，除密歇根湖是美国独有的以外，其他为美国和加拿大共有。

苏必利尔湖　　伊利湖　　安大略湖　　休伦湖

密歇根湖

49

泉

在人类生活的地下，蕴藏着丰富的地下水资源。科学家做过统计，大约有 830 万立方千米的水深埋在地下。这个量是地表河流和湖泊储水量的 37 倍。但它们并不是安分地待在地下，到了适当的时候就会涌出地面，这就形成了喷泉。

喷泉的形成是和当地的地质构造有关的。地下的结构有透水层和不透水层之分。有时在透水层之下有不透水层，它们的接触面直通到地面，地下水顺着这个天然的"管道"涌到地面，就形成了喷泉。有时，透水层被不透水层阻挡，于是地下水就沿着这个接触面流到地表。还有其他几种成因，有些地下水在岩层间流动，就会沿着岩石的裂缝溢出地面。这些现象往往都出现在地形变化显著的地方，比如山区和平原

清澈的泉水 ↓

青少年成长必读 人文科学知识丛书

交界的地方等，常常可以看到泉水涌出。

地球本身就是一个热库，地下蕴藏着巨大的热能。每向下100米，温度就会上升3摄氏度。在有些地方，地下水在长期运动过程中吸收地壳的热能。在火山活动中，岩浆冷却使地下水升温。通常这些地下水的温度都高于20摄氏度。它们沿着地壳上的大裂缝溢出，最后就形成了温泉。

温泉对人类的生产、生活都有着十分重要的作用。它里面所储存的热能，不仅可以用于医疗、洗浴，还广泛用于工农业生产等方面。在丝织、印染、造纸、酿酒、皮革加工处理等工艺流程中利用温泉水，可节约能源，大大降低生产成本。在农业发展中，人们利用温泉水本身带有的温度保温育苗、温室栽培、人工孵化、水产养殖和调节灌溉水温等。

美国黄石国家公园中的喷泉不下300多座，以老忠实喷泉最著名。它每隔20分钟喷发一次，每次历时约4分钟，每次共喷出热水约20吨，高度达40～60米。

从地下涌出的泉水，和地表流动的水是不一样的。首先，地下水是一点点渗透进岩层中的。水经过了这个渗透过程，水中的杂质被过滤掉，在地下避免了再次被污染。所以地下水的水质非常好。其次地下水不与大气直接接触，可以保持恒定的温度。这些都是许多工业用水所要求的。

有些泉水中还富含多种矿物质，可以直接饮用。这种富含钙、镁、钠等多种微量元素的泉水被称为矿泉水。它们与普通地下水是不同的，它其中所含有的微量元素只占人体重量的很少一部分，但却起着不可替代的作用。微量元素的缺乏，会使人感到不适，甚至导致病变的发生。例如人体缺少锶，就容易患肿瘤；缺少铜会造成贫血，导致骨骼畸形；缺碘会产生甲状腺机能减退；缺铬会使糖尿病人的病情加剧等。某些人体必需的微量元素只能以水中游离状态被吸收，这样说来矿泉水无疑是人体补充微量元素的理想水源。

此外，温泉中不仅含有丰富的矿物质，它天然具有的温度使得它在医疗上也有着不可取代的作用。温泉水的温度、压力、浮力等，能够改善人体的血液循环。患有关节炎、皮肤病的病人坚持在温泉中沐浴，对自身疾病的康复具有很好的促进作用。

◆ 泉水的"冬暖夏凉"

人们通常觉得泉水是冬暖夏凉的，其实这只是一个相对的感觉。因为，冬夏两季时，地面上的温度变化要比地下泉水温度变化的幅度大得多。所以人们才会觉得泉水是"冬暖夏凉"的。

瀑布

瀑布被人比喻成"大地的水帘"，它一泻千里，气势恢弘。瀑布是在地势高低突然发生变化的地方，水流从高处跌落下来形成的。这种落差较大的地势通常是自然界中高大的岩石上下错动而形成的，河流经过这里便飞泻而下，形成壮观的瀑布。世界上著名的瀑布有很多，每个洲、每个国家都有分布。

瀑布的主要成因就是由于河床底部的岩石软硬程度不一致。在同一条河流上，在水流的冲击下，构成河床的岩石较软的地方就会被冲蚀得很快，较硬的地方就冲蚀得慢。日积月累，在软硬岩石的交界处，河床高低相差很大，大多数河流瀑布就是这样形成的。另外，地壳的运动导致地表升降也是形成瀑布的原因之一。河流从落差极大的陡岩流过就会形成瀑布。瀑布下一般都会形成很深的水潭，那是瀑布由上而下巨大的冲击力造成的。

南美洲的伊瓜苏大瀑布、非洲的莫西奥图尼亚瀑布（旧称维多利亚瀑布）和北美洲的尼亚加拉大瀑布并称为世界三大瀑布。

其中，伊瓜苏瀑布位于阿根廷和巴西两国交界处的

"尼亚加拉"在印第安语中意为"雷神之水"，印第安人认为瀑布的轰鸣，就是雷神说话的声音，瀑布巨大的水流像阵阵闷雷，数里之外都能听到。

青少年成长必读人文科学知识丛书

伊瓜苏河上，"伊瓜苏"一词是巴西语中"大水"的意思。瀑布流水顺着马蹄形的峡谷奔流而下，被山前的岩石切割成275个大小不等的瀑布。洪水期时，该瀑布的宽度可达4 000米左右，是世界最宽的瀑布。它在1984年被联合国教科文组织列为世界自然遗产。

莫西奥图尼亚瀑布，位于非洲的赞比西河上，宽约1 800米，落差120米，是非洲最大的瀑布。"莫西奥图尼亚"在当地赞比亚罗兹语中是"声若雷鸣般的雨雾"的意思，奔流而下的瀑布爆发出雷鸣般的响声。同时，它也被誉为"世界最优美的瀑布"。这里有一个奇特的景观，就是在秋冬之际的月夜，可以透过瀑布的水雾望见别致多彩的夜虹。

尼亚加拉大瀑布被称为世界七大奇景之一，位于加拿大和美国交界的尼亚加拉河上。从高处向下看去，这个瀑布被分成一大一小两个瀑布。大瀑布因其马蹄状的外观也被叫做"马蹄瀑布"；小瀑布像是新娘的婚纱，因此又称"婚纱瀑布"。

世界落差最大的瀑布是南美洲委内瑞拉境内的安赫尔瀑布。它是以其发现者美国飞行员吉米·安赫尔的名字命名的。它的第一级由山顶直泻到一个岩石的平台上，落差高达807米，从这个平台到以下172米的谷地形成了瀑布的第二级，所以安赫尔瀑布的总高度为979米。

黄果树瀑布是中国最大的瀑布，也是世界著名瀑布之一。这个瀑布落差74米，宽81米，河水从断崖顶端飞流而下，倾入岩下的犀牛潭中，气势磅礴，十分壮观。中国第二大瀑布壶口瀑布，位于山西省吉县城西南25千米的黄河壶口。壶口瀑布是由于河床被冲出深50米、宽30米的巨沟而形成的。值得一提的是该瀑布的流量。在冬季枯水期，秒流量最少时为150～300立方米，一旦冰河解冻，秒流量骤增至1 000立方米以上，最高时达8 000立方米。

世界落差最大的安赫尔瀑布

🌋 **火山瀑布**

火山瀑布形成于火山爆发后。这时的火山口积聚了很多水，形成了一个湖。湖水从缺口溢出，则会形成火山瀑布。

另外，在石灰岩地区常有地下暗河存在。在暗河流过的地方如果地势高低陡然变化，或者从暗河陡峻的山崖涌出，会形成更为壮观的瀑布景象。

运河

京杭大运河

运河是人工开凿的通航河流，主要是为了方便水上运输。运河大都位于接近海洋的陆地上，起沟通内河与海洋的作用，例如著名的苏伊士运河和巴拿马运河。我国的京杭大运河属于内陆运河，是隋朝时期隋炀帝下令开凿的。

自公元 1292 年元世祖完成了京杭运河的全线贯通起，它就成为元、明、清时贯穿南北的大动脉，在交通运输中起着重要作用。京杭大运河不仅是中国也是世界上开凿最早，里程最长的大运河，它南起浙江杭州，北至北京通县北关，全长 1 801 千米，贯通六省市，流经钱塘江、长江、淮河、黄河、海河五大水系。

1825 年，美国伊利运河修建成功。伊利运河位于美国纽约州西北部，从伊利湖岸的布法罗，经莫霍克谷地，到哈得孙河岸的奥尔巴尼。长 581 千米，宽 12 米，水深 1.2 米，该运河系纽约州通航运河系统的主要水道，对美国中西部的经济开发和纽约市的发展起了很大的作用。19 世纪的早期，伊利运河修建成功，使得纽约一举成为美国的经济中心。

苏伊士运河是重要的国际通航运河，位于埃及东北部，贯通苏伊士地峡，总长173千米，占据着欧、亚、非的交通要道，接连地中海和红海，沟通大西洋与印度洋。该运河每年平均通过约1 800多艘次，年平均货运量4.2亿吨以上，是世界上货运量最大、运输最繁忙的国际运河。苏伊士运河开通后，将红海与地中海、大西洋、地中海与印度洋联结起来，大大缩短了东西方航程。

位于美洲巴拿马共和国中部的巴拿马运河，是沟通太平洋和大西洋的重要航运要道。该运河全长81.3千米，水深13~15米不等，河宽150~304米。整个运河的水位高出两大洋26米，可以通航76 000吨级的轮船。巴拿马运河的开通，大大方便了海上运输的航程，使太平洋与大西洋之间的航程比原来缩短了5 000~10 000千米。

莫斯科水路交通很发达，位于俄罗斯境内的莫斯科运河全长128千米，它可以沟通伏尔加河、白海、波罗的海、黑海、亚速海和里海，使莫斯科成为了"五海之港"。

列宁运河全称为"伏尔加河－顿河列宁运河"，位于俄罗斯欧洲部分的东南部，是沟通伏尔加河与顿河间的人工水道，是俄罗斯内河深水航道网的重要组成部分。这条运河全长101千米，其中45千米是自然河道和水库。它东起伏尔加河畔的红军城附近，西止顿河畔的卡拉奇南侧。除少量河水供给农田灌溉外，运河主要用于客、货运输，运河可通达亚速海、黑海、里海、波罗的海等，可通行5 000吨级以下的轮船。

曼彻斯特运河使曼彻斯特成为英格兰中部的主要港口之一，它东起伊斯塔木，西至曼彻斯特船坞，全长58千米，还包括了爱尔斯米尔港区。

美国于1903年与巴拿马签订条约，获得开凿巴拿马运河的权利，并长期占有巴拿马运河，直到1977年，美国才将巴拿马运河主权逐步移交给巴拿马政府。

苏伊士运河

海岸和海港

海洋环境除了辽阔的海域外，还有其他的类型，比如海岸和海港。海洋和陆地的交界地带就是海岸，千百年来，海岸每天都被海浪拍打和侵蚀着，从而形成了各种不规则的形状。

海岸地貌千姿百态，类型多种多样。根据动态海岸可分为堆积海岸和侵蚀性海岸；根据地质构造划分为上升海岸和下降海岸；根据海岸组成物质的性质，可把海岸分为基岩海岸、砂砾质海岸、平原海岸、红树林海岸和珊瑚礁海岸。

构成海岸的岩石种类是决定海岸地形的主要因素。坚硬的岩石，例如花岗岩、玄武岩和某些沙岩，比较能够抵抗海水的侵蚀，所以往往形成高峻的海岬和坚固的悬崖，使植物得以附着在上面生长。在海浪的撞击下，海岸的部分岩石裂开，落下一块块大圆石。大圆石裂成小圆石，接着变成碎石，最后散成细细的沙子。海浪冲刷海岸时，常常将沙粒、碎石等带到海边，这些沉淀物慢慢在海边铺开，就变成了沙滩。

上海港

海岸边繁华的旅游区

青少年成长必读人文科学知识丛书

海岸线就是海洋和陆地相连的地方。海洋里的风和浪常常袭击海岸，使那里的陆地受到侵蚀，结果，海岸变得曲曲折折，凹凸不平。海岸不断受到侵蚀，所以海岸线的形状一直在发生变化。如果将所有的海岸线拉直，它们连起来可以环赤道近13圈，将各种小海湾除外，地球上海岸线的总长度达50.4万千米。

海港也称为港口，是为轮船、渔船、军舰等船舶提供安全进出、停泊的场所，由于海港的主要设施是码头，所以人们有时也用码头代称海港。在海岸的某些地方形成的港口是海上交通的重要基地；而一些环境优美的海岸则被开发成了旅游区。

荷兰第二大城市鹿特丹，位于荷兰西南部莱茵河口地区新马斯河两岸，距北海28千米。优越的地理位置让它逐渐发展成为世界第一大港，其港区面积约100平方千米，码头岸线长约38千米，拥有世界最大的集装箱码头，全年进港停泊的远洋轮达3万多艘。

纽约港位于美国东北部哈得孙河河口，东临大西洋，是世界最大海港之一。由于地理条件优越，截至1800年便成为美国最大港口，1980年吞吐量达1.6亿吨，多年来都在1亿吨以上，每年平均有4000多艘船舶进出。

千叶港是日本国内货物吞吐量最大级别的国际贸易港。经这里输出的货物主要有运送机械、钢铁、化学药品和重油，而进口货物有石油产品、原油、铁矿石、煤炭等，与千叶港有进出口往来的国家遍布世界各地。

新加坡港地处新加坡岛南端，是一座天然良港，港内有3.4千米的码头群，能同时容纳30多艘巨轮停靠。从新加坡港起航，有200多条航线通往世界各主要港口。

中国的香港素有"东方明珠"的美称，是一座举世瞩目的美丽海港城市。这里蓝天碧海，山峦秀丽，自然风光优美动人。香港的港口地理位置优越，是少有的天然良港。

纽约港

◇ 上海港

位于长江三角洲东端的上海港，是中国大陆海岸线中点，扼长江入海咽喉。上海港是一座沿黄浦江而建的近海深水优良港，是中国目前最大的港口。港口区江面宽近500米，水深7～9米，江水流速平缓，潮差很小，终年不冻，常年通航万吨级轮，5万吨级散装货轮可乘潮进港装卸货物。

海底世界

如同陆地上一样，海底有高耸的海山，起伏的海丘，绵延的海岭，深邃的海沟，也有坦荡的深海平原。纵贯大洋中部的洋中脊，绵延 8 万千米，宽数百至数千千米，总面积堪与全球陆地相比。而整个海底世界也并不像人们所想象的或是像表面看起来那样平缓和宁静，相反却是地球上最活跃最动荡不安的地带。地震、火山活动频繁，只不过一切都掩盖在海水之下进行而已。

◆ 洋中脊

洋中脊，又称中央海岭。它是一个世界性体系，横贯各大洋，是全球规模最大的洋底山系。

虽然世界各大洋的洋底形态复杂多样、各不相同，但基本上都是由大陆架、大陆坡、海沟、海盆、洋中脊（海底山脉）几个部分组成。在上面均盖着厚度不一、火红或黑的沉积物，把大洋装点得气势磅礴、雄伟壮丽。

地球的平均赤道半径为 6 378.14 千米，比极半径长 21 千米。整个地壳大致可分为六大板块，其中又分为大洋板块和大陆板块。大洋板块在地幔上浮动着，高温的地幔物质在洋中脊地区上升，使本已很薄的地壳发生皲裂，于是喷出熔岩，熔岩冷却之后，就形成了新的地壳，于是海底便诞生了。

人们通过地震波及重力测量，了解海底地壳的结构与陆

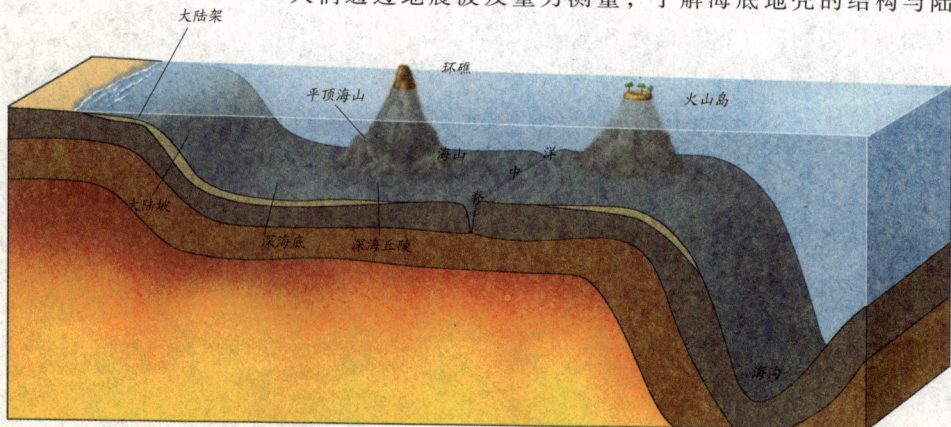

大陆架　环礁　平顶海山　火山岛　海山　洋中脊　大陆坡　深海底　深海丘陵　海沟

地地壳有所不同，海洋地壳主要是玄武岩层，厚约 5 000 米，而大陆地壳主要是花岗岩层，平均厚度 33 千米。大洋底始终都在更新和不断成长，每年扩张新生的洋底大约有 6 厘米。经过两三亿年，大洋底就将更新一次。所以说，洋底是年轻的，其年龄最老超不过 2 亿年。而据测算，海洋的年龄比地球的年龄要小一些，大约为 45 亿年。所以有"古老的海洋，年轻的洋底"之说。

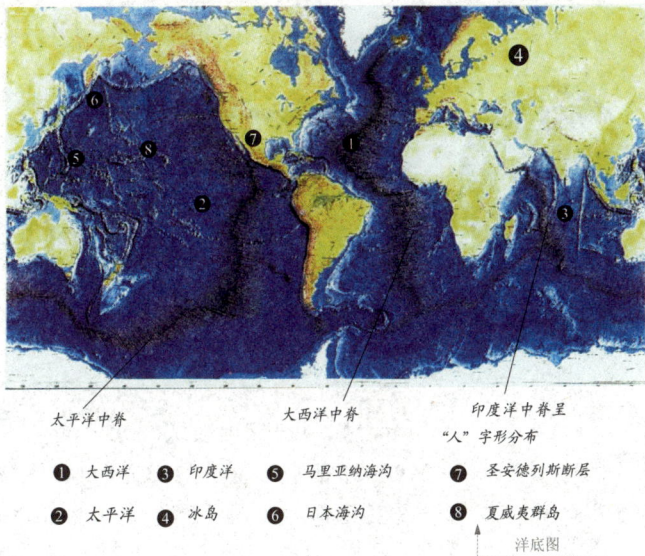

太平洋中脊　　　大西洋中脊　　　印度洋中脊呈"人"字形分布

❶ 大西洋　　❸ 印度洋　　❺ 马里亚纳海沟　　❼ 圣安德列斯断层
❷ 太平洋　　❹ 冰岛　　　❻ 日本海沟　　　　❽ 夏威夷群岛

洋底图

世界大洋的海底像个大水盆，边缘是浅水的大陆架，中间是深海盆地，其深度在 2 500 ~ 6 000 米之间。面积占海底总面积的 77%。

在深海中也有如同陆地平原一样的地貌，这就是深海平原。深海平原一般位于水深 3 000 ~ 6 000 米的海底。它的面积较大，一般可以延伸几千平方千米。深海平原坡度小于千分之一，其平坦程度超过大陆平原。

同时，海底还广泛分布着大量的海底火山，大洋底散布的许多圆锥山都是它们的杰作，火山喷发后留下的山体都是圆锥形状。海底火山，死的也好，活的也好，统称为海山。海山的个头有大有小，一两千米高的小海山最多，超过 5 000 米高的海山就少得多了，露出海面的海山（海岛）更是屈指可数了。海山有圆顶，也有平顶。平顶山的山头好像是被什么力量削去的。其实它是海浪拼命拍打冲刷，经历年深日久而形成的。第二次世界大战期间，美国科学家普林斯顿大学教授 H. H. 赫斯首次在太平洋海底发现海底平顶山。

海底火山爆发

海峡和海湾

海峡是指两块陆地之间连接两个海或洋的较狭窄的水道，它一般深度较大，水流较急。由于地理位置特殊，海峡往往都是水上重要的交通咽喉。而海湾是指那种延伸入大陆，深度逐渐减少的水域。海峡和海湾都属于海洋地貌，在地球上都有很多代表。

位于非洲大陆东南岸同马达加斯加岛之间的莫桑比克海峡，呈东北—西南走向，全长 1670 千米，是世界最长的海峡。海峡两岸的主要港口有科摩罗的莫罗尼、莫桑比克的纳卡拉、莫桑比克、贝拉、马普托等。

英吉利海峡位于英国和法国之间，在法语中它称为"拉芒什海峡"。它西临大西洋，向东通过多佛尔海峡连接北海，地处国际海运要冲，也是欧洲大陆通往英国的最近水道。因此，它理所当然地成了世界海运最繁忙的海峡。直布罗陀海峡也是世界上最为繁忙的海上通道之一。"直布罗陀"一词源于阿拉伯语，是"塔里克之山"的意思。直布罗陀海峡位于欧洲伊比利亚半岛南端和非洲西北角之间，全长约 90 千米。该海峡是沟通地中海和大西洋的唯一通道，是连接地中海和大西洋的重要门户，被誉为欧洲的"生命线"。苏伊士运河通航后，直布罗陀海峡成了大西洋与印度洋、太平洋之间海运的捷径。

位于马来半岛和苏门答腊岛之间的马六甲海峡，因马来半岛南岸古代名城马六甲而得名，海峡西连安达曼海，东通南海，长约 1080 千米，连同出口处的新加坡海峡

苏伊士运河通航后，直布罗陀海峡成了大西洋与印度洋、太平洋之间海运的捷径。目前，它已成为世界上最为繁忙的海上通道之一。

全长为1 185千米，它是连接太平洋
和印度洋的重要海上通道，也是世
界最重要的洋际海峡。

霍尔木兹海峡是连接波斯湾
和印度洋的海峡，它也是唯一
一个进入波斯湾的水道。海峡
的北岸是伊朗，海峡的南岸是
阿曼，海峡中间偏近伊朗的一
边有一个大岛叫做格什姆岛，
隶属于伊朗，如今的霍尔木兹海
峡是全球最繁忙的水道之一，被誉为
"西方世界的生命线"。

莫桑比克海峡是印度洋到南大
西洋间的重要航道，每年通过海峡
的船舶总数达两万多艘，载运波斯
湾地区石油的大型油轮，多经此海
峡，绕过好望角，输往西欧和美国。

位于南美大陆和火地岛之间的麦哲
伦海峡是一条迂回曲折的海峡，它的西段
呈西北—东南走向，中段南北走向，东段又从西南折向东北，
自西至东，拐了一个直角弯，全长592千米。该海峡宽窄悬殊，
深浅差别也很大，最宽的地方有33千米，最狭处仅3千米左
右；最深处在千米以上，最浅的地方只有20米。

位于亚洲东北端楚科奇半岛和北美洲西北端阿拉斯加之
间的白令海峡，长约60千米，宽35～86千米，平均水深42
米，最大水深52米。它是沟通北冰洋和太平洋的唯一航道，
也是北美洲和亚洲大陆间的最短海上通道。

隶属印度洋的孟加拉湾是世界上最大的海湾，其面积为
217万平方千米，是印度洋向太平洋过渡的第一湾，也是两大
洋之间的重要海上通道。沿岸重要港口有加尔各答、马德拉
斯和吉大港等。

位于西非海岸外的几内亚湾，西起利比里亚的帕尔马斯
角，东至加蓬的洛佩斯角，沿岸国家有赤道几内亚、喀麦隆、
尼日利亚、贝宁、多哥、加纳、科特迪瓦共和国等，海湾的
面积为153.3万平方千米，体积459.2万立方千米，是非洲海湾
当中最大的。

贝宁湾是西非海岸的大西洋海湾，位于几内亚湾内，西
南面为加纳、多哥、贝宁，东南面为尼日利亚。有尼日尔河
三角洲部分水系以及锡奥、哈霍、诺莫、库福、韦梅、贝宁
和福卡多斯等河流入。

◇ 中国的"海上
走廊"

台湾海峡是中
国最大的海峡，它
位于福建省与台湾
省之间，从南到北
连接着南海和东海，
是中国海上运输的
重要通道，人们称
它为"海上走廊"。

台湾最早是与
中国大陆连成一片
的，经过了无数次
的海陆变迁，经历
了喜马拉雅造山运
动，台湾海峡才形
成今天的样子。

61

海沟和岛弧

陆地上有许多深邃奇伟的峡谷，但与浩淼大洋深处的海沟相比，就如同小巫见大巫了。海沟也叫海渊，是位于海洋中的两壁较陡、狭长的、水深大于6 000米的沟槽。而且多与岛弧伴生。多分布于活动的海洋板块边缘，在海洋板块与大陆板块的交界处，受地球板块相互挤压的作用，故地震、火山活动频繁发生。

海沟不仅是海洋中最深的地方，也是海底最古老的地方。但它却不在海洋的中心，而处于大洋的边缘。已知各大洋有35条海沟，其中28条分布在环太平洋带。海洋中海沟的总面积相当于半个欧洲，约为整个海底面积的1.8%，为地球表面积的1.3%。太平洋的海沟特别多，从东面、北面和西面围绕着太平洋的边缘，形成了一个马蹄铁的形状。

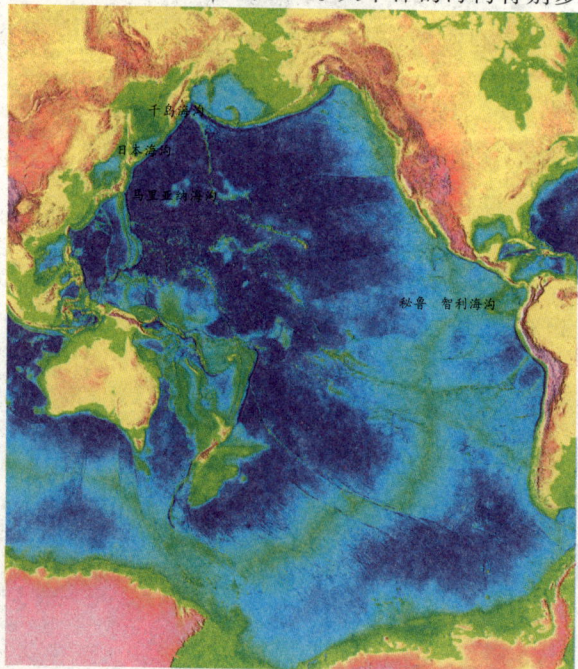

海沟的宽度在40～120千米之间，全球最宽的海沟是太平洋西北部的千岛海沟，其平均宽度约120千米，最宽处大大超过这个数，距离相当于北京至天津那么远，听起来也够宽了，但在大洋底的构造里，算是最窄的地形了。

海槽比海沟规模要小。深度在6 000米以内，两侧坡度较平缓的长条形洼地称海槽。海槽主要分布在边缘海中。

大洋中最深的地方就是马里亚纳海沟。这是一条洋底弧

太平洋的海沟特别多，从东面、北面和西面围绕着太平洋的边缘，形成了一个马蹄铁的形状。

千岛海沟
日本海沟
马里亚纳海沟
秘鲁 智利海沟

形洼地，延伸 2 550 千米，平均宽 69 千米，位于北太平洋西部马里亚纳群岛以东。在最深的地方，把珠穆朗玛峰放进去，也不会露出水面。

在海洋中，还有许多呈弧形分布的岛屿，人们称之为岛弧。岛弧分为内岛弧和外岛弧。内岛弧靠陆一侧，是大洋板块与大陆板块接触带，火山和地震集中于此，如西太平洋岛弧。据统计，全世界有活火山 500 余座，一半以上集中在该岛弧带；全球地震能量的 95% 也从此处释放。频繁的火山活动引起的岩浆喷发，使岛弧带成为世界上矿产最丰富的地区。外岛弧近大洋一侧无火山地震带。

岛弧海沟地区是世界上地壳活动最活跃的地方。1923 年 9 月 1 日中午，临近日本海沟的东京、横滨一带发生的关东大地震，使几十亿日元的财产毁于一旦，人员伤亡更是惨重。因此，人们又称海沟是"地狱之门"。

科学家们经过大量的研究后认为，岛弧和海沟的平行并存，是大洋板块和大陆板块相互碰撞时，大洋板块倾没于大陆板块之下的结果。如太平洋板块，厚度小而密度大，所处的位置又相对较低，在海底扩张的作用下，与东亚大陆板块相碰撞时，太平洋板块便俯冲入东亚大陆板块之下，从而使大洋一侧出现深度巨大的海沟；同时，大陆地壳的继续运动使它的前缘的表层沉积物质相互叠合到一起，形成了岛弧。由于这两种地壳的相对运动速度较大，所以碰撞后形成的海沟深度就大，而岛弧上峰岭的高度也大。因此，可以说岛弧和海沟是在同一种板块运动中形成的，它们有着共同的成因。

珠穆朗玛峰——里亚纳海沟

◆ 阿留申岛弧

阿留申岛弧是地震频繁的地区之一。令人感兴趣的是：阿留申岛弧向南弯曲，这种形状似乎显示是由一种自北向南的力推动形成的。另外，阿留申岛弧南侧的深海沟表明，太平洋的海底扩张对其的作用是向北推进的，但从太平洋洋脊位置来看，太平洋洋脊伸入到北美大陆，南北偏东分布，其扩张方向应是向西偏北，而不应向北。因此，阿留申岛弧究竟是如何形成的还没有人能够解释清楚。

潮水起落

众所周知，潮起潮落是大海的正常现象，是海水重要的运动形式。而在所有的海水运动形式中，最早被人们注意到的就是潮汐。

大海中的海水每天都按时涨落起伏变化。从某一时刻开始，海水水位（潮位）不断上涨，这一过程叫涨潮。海水上涨到最高限度，就是高潮。这时，在短时间内，海水不涨也不落，叫平潮。平潮之后，海水开始下落，叫"退潮"。海水下落到最低限度，即低潮。在一个短时间内出现不落不涨，叫"停潮"。停潮过后，海水又开始上涨。如此周而复始。

古时，人们把白天的涨落称为"潮"，夜间的涨落叫做"汐"，合起来叫做"潮汐"。潮汐现象使海面有规律地起伏，就像人们呼吸一样。潮起时，海面波涛汹涌，翻腾着的浪花击打着岸边的岩石，犹如一位凯旋的将军带着千军万马归来，波澜壮阔。潮落时，海面风平浪静，轻柔退去的浪花抚摸着金黄色的细沙，奇形怪状的礁石都显露了出来。

潮汐是海水受太阳、月亮的引力作用而形成的。在万有引力的作用下，地球上的海水会受到来自月球的一个吸引力，人们称之为"引潮力"。因为地球表面各个地方和月球的距离都不一样，所以受到的"引潮力"的大小也会不同。在地球面向月球的一面引力最大，能产生高潮；在地球背离月球的一面引力最小，此时离心力最大。海水在离心力的作用下，向背离月球方向上涨，也能产生高潮。

掌握潮汐发生的时间和高低潮时的水深是保障舰船航行安全，进出港口、通过狭窄水道及在浅水区活动的重要条件，也是建设军港码头、水上机场，进行海道测量、布雷扫雷、救生打捞，构筑海岸防御工事，组织登陆、抗登陆作战和水下工程建设等必须考虑的重要因素。在著名的诺曼底登陆中，盟军在

圣米歇尔山涨潮时

圣米歇尔山退潮时

制订登陆计划时，考虑到潮汐的因素，陆军选择在高潮间登陆，海军选择在低潮间登陆，由于五个滩头的潮汐不尽相同，所以规定了五个不同的登陆时刻。

海洋的潮汐像太阳的东升西落一样，天天出现，循环不已，永不停息。海水的一涨一落中蕴藏着巨大能量。潮汐能的大小随潮差而变，潮差越大，潮汐能越大。据专家们估计，全世界海洋蕴藏的潮汐能的年发电量十分可观。因此，人们将潮汐能称为"蓝色的煤海"。世界上最早的潮汐电站是法国的朗斯发电站。

世界上有两大涌潮景观地：一处在南美洲亚马孙河的入海口；另一处则在中国钱塘江北岸的海宁市。

每年农历八月十八，浙江海宁的海潮最有气魄。因钱塘江口呈喇叭形，向内逐渐浅窄，潮波传播受约束而形成。潮头高度可达 35 米，潮差可达 89 米，蔚为壮观。但南美的亚马孙河口的涌潮，比我国钱塘江大潮还要壮观。

汐

◆ 洋流

　洋流又称海流，它是海水沿一定途径的大规模流动。海流就像陆地上的河流那样，长年累月沿着比较固定的路线流动着。海流遍布整个海洋，既有主流，也有支流，不断地输送着盐类、溶解氧和热量，使海洋充满了活力。

大潮发生时，月球同太阳在一条直线上；小潮发生时，月球同太阳成直角关系。

65

海啸

海啸是发生在海洋里的一种可怕的灾难，是一种具有强大破坏性的海浪。当海底发生地震、火山爆发或水下塌陷和滑坡时，就会引起海水的巨大波动，产生海啸。海啸时掀起的狂涛骇浪，高度可达十米至几十米不等，形成"水墙"。那高达几十米甚至上百米的海浪，不仅会掀翻海上的船舶，造成人员伤亡，还会破坏沿海陆地上的建筑。

海啸是一种具有强大破坏力的海浪，可分为四种类型，即由气象变化引起的风暴潮、火山爆发引起的火山海啸、海底滑坡引起的滑坡海啸和海底地震引起的地震海啸。从受灾现场讲，海啸又可分为遥海啸和本地海啸。

风暴潮指由强烈大气扰动，如热带气旋（台风、飓风）、温带气旋等引起的海面异常升高现象。如果风暴潮恰好与天文高潮相叠（尤其是与天文大潮期间的高潮相叠），加之风暴潮往往夹狂风恶浪而至，逆江河洪水而上，常常会使其影响所及的滨海区域的潮水暴涨，甚者海潮冲毁海堤海塘、吞噬码头、工厂、城镇和村庄，使物资不得转移，人畜不得逃生，

2004 年 12 月，印尼苏门答腊岛爆发了 8.9 级强烈地震，引发的海啸造成 23 万人丧生，这是全球百年来最大的一次海啸。

海啸波长很大，可以传播几千千米，而能量损失却很小

地震海啸是海底地震引起的巨浪的总称

海啸时掀起的狂涛骇浪，高度可达 10 米至几十米不等，形成"水墙"

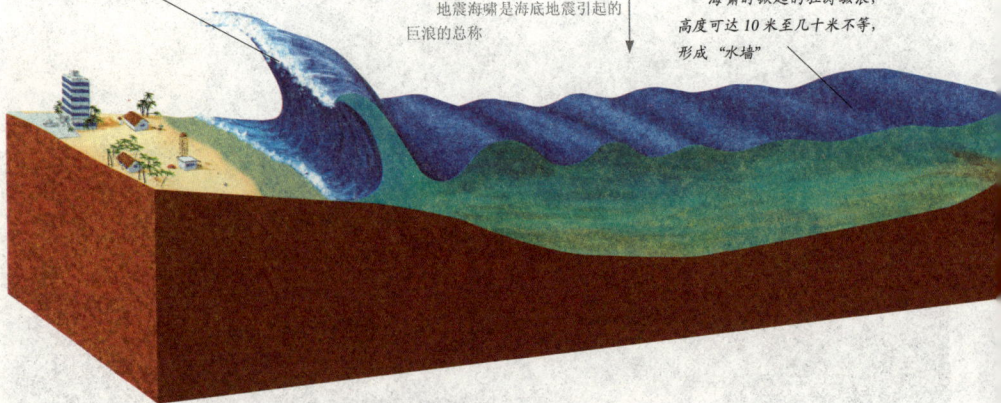

从而酿成巨大灾难。

遥海啸是指那种能横越大洋或从很远处传播而来的海啸。在没有岛屿群或其他障碍阻挡的情况下，遥海啸能传播数千千米并且只衰减很少的能量，使数千千米之遥的地方也遭到海啸灾害。

1960 年 5 月，智利中南部的海底发生了强烈的地震，引发了巨大的海啸，导致数万人死亡和失踪，沿岸的码头全部瘫痪，200 万人无家可归。这是 20 世纪影响范围最大、造成灾难最严重的一次海啸。这次海啸也使太平洋东西两岸如美国夏威夷、日本等多个国家或地区遭受严重灾害。

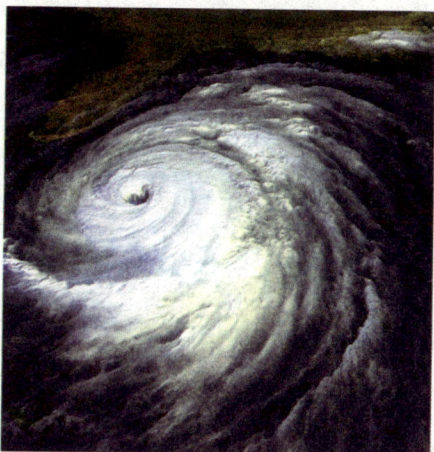

热带气旋

本地海啸是指从地震或海啸发生源地到受灾的滨海地区相距较近，所以海啸波抵达海岸的时间也较短，有时只有几分钟，多则几十分钟。本地海啸具有突发的特点，危害也相当严重。通常，本地海啸发生前，往往有较强的震感或震灾发生。

海底地震发生时，海底地层发生断裂，部分地层出现猛然上升或者下沉，由此造成从海底到海面的整个水层发生剧烈"抖动"。这种"抖动"不同于平常所见到的海浪，它是从海底到海面整个水体的波动，其中所含的能量惊人。

被海啸袭击过的地方通常一片狼藉。在剧烈的震动之后，海水以巨浪的形式呼啸而来。海岸边的建筑在遭到震荡之后又被巨浪拍打，粉碎成一片。人们在瞬间被卷入巨浪中。被海啸洗劫过后的地方，到处是残木破板和人畜尸体。针对海啸，人类现在还没有切实有效的控制方法来防止它发生，只能事先做好预测和准备工作，把损失降到最低点。

◆ "下降型"海啸和 "隆起型"海啸

这是海啸发生的两种机制。"下降型"海啸是指海水首先向下陷的空间涌去，其上方就出现了大规模的海水积聚。当涌进的海水在海底遇到阻力后，就会返回海面产生压缩波。长波大浪就这样形成。

"隆起型"海啸是指在地震时海底地壳大范围地急剧上升，海水也随之一起抬升。在重力作用下，海水向四周扩散，形成汹涌巨浪。

海啸发生时掀起的巨浪，淹没了房屋、公路等。

厄尔尼诺现象

厄尔尼诺是热带大气和海洋相互作用的产物，它原是指赤道海面的一种异常增温，现在全球范围内海洋与大气相互作用下造成的气候异常都被称为"厄尔尼诺"。厄尔尼诺几乎成了灾难的代名词，印尼的森林大火、巴西的暴雨、北美的洪水及暴雪、非洲的干旱等都被归结到它的肆虐上。

厄尔尼诺现象又称厄尔尼诺海流，是太平洋赤道带大范围内海洋和大气相互作用后失去平衡而产生的一种气候现象。正常情况下，热带太平洋区域的季风洋流是从美洲走向亚洲，使太平洋表面保持温暖，给印尼周围带来热带降雨。但这种模式每2～7年被打乱一次，使风向和洋流发生逆转，太平洋表层的热流就转而向东走向美洲，随之便带走了热带降雨，出现所谓的"厄尔尼诺现象"。

近百年来，厄尔尼诺的发生使得南亚、东南非洲和南印度尼西亚和印度等地区雨量减少乃至连年干旱。

厄尔尼诺现象的基本特征是太平洋沿岸的海面水温异常升高，海水水位上涨，并形成一股暖流向南流动。它使原属冷水域的太平洋东部水域变成暖水域，结果引起海啸和暴风骤雨，造成一些地区干旱，另一些地区又降雨过多。

1997年，厄尔尼诺现象带来全球气候异常。发生在印尼的森林大火烧毁了2 900平方千米的森林。

厄尔尼诺现象的危害性非常严重。它曾使南部非洲、印尼和澳大利亚遭受过前所未有的旱灾，同时带给秘鲁、厄瓜多尔和美国加州的则是暴雨、洪水和泥石流。由于厄尔尼诺现象给全球带来巨大的灾难，这种现象已成为当今气象和海洋界研究的重要课题。

至1997年的20年来厄尔尼诺现象分别在1976—1977年、1982—1983年、1986—1987年、1991—1993年和1994—1995年出现过5次。1982—1983年间出现的厄尔尼诺现象是20世纪以来最严重的一次，在全世界造成了大约1 500人死亡和80亿美元的财产损失。进入20世纪90年代以后，随着全球变暖，厄尔尼诺现象出现得越来越频繁。

"拉尼娜"现象也是赤道附近东太平洋水温反常变化的一种现象。"拉尼娜"的字面意思是"圣女"，它也被称为"反厄尔尼诺"现象。其特征恰好与"厄尔尼诺"相反，指的是洋流水温反常下降。它的发生是由于信风持续加强，吹走了赤道东太平洋表面的暖水，导致深层的冷水上翻作为补充，于是表面海水的温度就降低，引发拉尼娜现象。

拉尼娜与厄尔尼诺现象都已成为预报全球气候异常的最强信号。两者通常是交替着出现，不过相对而言，拉尼娜发生的次数较少。从20世纪初到1992年期间，拉尼娜现象共发生了19次，每3～5年发生一次，但也有时间间隔达10年以上的。拉尼娜多数是跟在厄尔尼诺之后出现的，这19次拉尼娜现象，有12次发生在厄尔尼诺年的次年。

◆ 温室效应

地球好比一个偌大的温室，地球周围的大气就好像温室的玻璃，防止地面的热量散失到宇宙中去。大气中起"保暖"作用的气体主要是二氧化碳。人类大规模使用煤炭、石油等燃料，排放出大量二氧化碳，使温室效应更加显著，导致全球变暖。

冰雪大陆

地球上长期覆盖冰雪的地面，约占全球陆地面积的十分之一，由于南北两极和一些高山地区的气候十分寒冷，积雪越来越多，最后变成了冰，这些厚重的冰雪在重力的作用下，从高处向低处缓慢流动，这样一个"流动的洋河"有一个专门的名字叫做"冰川"。冰川像一个巨大的固体水库，储存着大量的淡水。冰川主要分布在南极洲、格陵兰岛、青藏高原、南美洲山区、阿尔卑斯山和北极地区。

冰川的形成原料是一种被称为"粒雪"的雪花。雪花从空中落到地面上，随着外界条件和时间的变化，慢慢就会变成圆球状的"粒雪"，完全丧失晶体的特征。然后在长时间重力的作用下，这些粒雪之间相互挤压，其间的孔隙不断缩小，直到消失。这样就形成了最初的乳白色的冰川冰。再经过漫长的时间，冰川冰变得更加致密坚硬，慢慢变得晶莹剔透。在

南极大陆地面覆盖着近2 000米厚的冰川，是世界上最大的冰川，这些冰川在缓慢地流动着，这是世界上宝贵的淡水资源。

地球形成的过程中，地表曾被大面积的冰川所覆盖。那时的地球气温下降，气候异常寒冷，动植物大批死亡或灭绝。

冰川是会流动的，因为冰川的冰晶体和晶体之间的空隙里包裹着水，水仿佛润滑剂，冰川在压力和斜度的影响下，就缓缓地向下滑动了。不过，冰川流动的速度是很慢

冰山

的，平均每天流动几厘米到几米。世界冰川中流动速度最快的是格陵兰岛的卡拉雅克冰川，平均每天流动速度为20～25米。

冰隙就是冰川的裂缝，如果人不小心掉进去会有性命危险。1820年，几位登山者在攀登阿尔卑斯山的勃朗峰时，不幸掉进了博森冰川的冰隙里。直至1861年，人们才在冰川的尽头发现了他们的尸体。

南极大陆地面覆盖着近2 000米厚的冰川，是世界上最大的冰川。这些冰川在缓慢地流动着，这是世界上最宝贵的淡水资源。如果从高空俯看，南极大陆是一个中部隆起的、向四周缓缓倾斜的高原，巨大而深厚的冰层如同一个银铸的大锅盖，倒扣在南极大地上面，所以又称南极冰盖。南极冰盖的厚度相当惊人，最厚的地方有4 800米，尤其是在南极的冬季，大陆冰盖与周围海洋中的固定海冰连为一体，形成3 300万平方千米的白色冰原，面积超过整个非洲大陆。

南极洲的兰伯特冰川，1957年由澳大利亚一批飞行员在南极洲上空发现，它宽64米，连同上游部分的梅勒冰川，再加上费希尔冰川，总长约514米，是世界上最长的冰川。

冰川在自身重力的作用下蜿蜒而下，在靠近海边或山脚的地方会形成长短不一的像舌头一样的冰体，这就是"冰舌"。在"冰舌"的前端还会形成许多形状奇特的冰峰。

冰山是一块大若山川的冰，脱离了冰川或冰架，在海洋里自由漂流。一般来说，大约九分之八的冰山在水里，看着浮在水面上的形状，其实猜不出水下的形状。冰山非常结实，很容易损坏金属板，它成了海洋运输中的极端危险因素。迄今为止记录到的最大的冰山，是从格陵兰岛的大冰川分离出来的，它高达167米，超过了法国巴黎埃菲尔铁塔高度的一半。

◆ 冰川侵蚀

　　冰川在缓慢的流动过程中，对所经过的地方会形成一定的侵蚀作用。像冰斗、刃脊和角峰、冰川槽谷等都是冰川侵蚀地貌。

蓝冰是南极一道美丽的景色，它是由大量冰雪经过长年累月的积压而形成的，它因反射天空的颜色而呈蓝色。

71

漂浮的冰山

有 "白色灾害" 之称的海冰与风暴潮、灾害海浪、赤潮和海啸一起并称为是海洋五种主要灾害。海冰是直接由海水冻结而成的咸水冰，亦包括进入海洋中的大陆冰川（冰山和冰岛）、河冰及湖冰。咸水冰是固体冰和卤水（包括一些盐类结晶体）等组成的混合物，其盐度比海水低 2‰~10‰，物理性质（如密度、比热、溶解度、蒸发潜热、热传导性及膨胀性）不同于淡水冰。它对海洋水文要素的垂直分布、海水运动、海洋热状况及大洋底层水的形成有重要影响，对航运、建港也构成一定威胁。

漂浮在洋面上的冰按形成和发展阶段分为初生冰、尼罗冰、饼冰、初期冰、一年冰和多年冰。按运动状态分为固定冰和漂浮冰。前者与海岸、岛屿或海底冻结在一起，多分布于沿岸或岛屿附近，其宽度可从海岸向外延伸数米至数百千米；后者自由漂浮于海面，随风、浪、海流而漂泊。而漂浮冰又分成两种：海冰和陆冰。海冰由海水冻结而成。陆冰是

冰川流动的速度是很慢的，平均每天流动几厘米到几米。

大陆上的冰破裂后流入海中。海冰的体积不大，而陆冰大得像山，所以称为冰山。

冰山是由冰川组成。冰川，又是由雪花堆积成的冰川冰组成的。当冰川的冰体受到海水浮力的顶拖断裂后，就形成了冰山。在极地航海家眼里，冰山是最危险的"敌人"，轮船遇到它有时会被迫停驶，一不小心还会发生碰撞事故。

漂浮在海洋上的巨大冰块和冰山，受风和海流作用而产生的运动，其推力与冰块的大小和流速有关。一块 36 平方千米，高度为 1.5 米的大冰块，在流速不太大的情况下，其推力可达 4 000 吨，足以推倒石油平台等海上工程建筑物。

罗斯冰架上的裂缝

海冰在大自然中扮演了一个相当重要的角色，海冰数量变化，往往会直接影响到地球的气候。假如高纬度地区海洋里漂浮的冰减少了，低纬度的暖流便会北上，或是南下，使得原来的雨区变得干旱起来。海冰还有保持海水温度的功能，有人把海冰比做是"海洋的皮袄"，使海水减少蒸发量，保持海水温度。海冰可以促使海水上下对流，对海洋生物繁殖十分有利，这就是为什么地球两极有那么丰富的浮游生物的环境原因之一。海冰能阻挡潮汐使潮高降低，潮流减慢，把波浪压低，把海流"拖住"。海冰是自然环境中不可缺少的组成部分。

罗斯冰架是一个巨大的三角形冰筏，几乎塞满了南极洲海岸的一个海湾。它宽约 800 千米，向内陆方向深入约 970 千米，是最大的浮冰，其面积和法国相当。该冰架是英国船长詹姆斯·克拉克·罗斯爵士于 1840 年在一次考察活动中发现的。当时他们在坚冰中寻觅途径，来到外海时碰见一座直立的、高出海面 50 ~ 60 米的冰崖。该冰崖挡住了他们的去路。罗斯冰架像一艘锚泊很松的筏子，正以每天 1.5 ~ 3 米的速度被推到海里。

◆ "泰坦尼克"号的海冰灾难

1912 年"泰坦尼克"号遇难，可以说是最为世人关注的一场海难。它于 4 月 10 日从英国英格兰南部港口城市南安普敦出发，在行驶到大西洋纽芬兰海域的时候，由于速度过快而不慎撞上漂浮的冰山。这艘号称"不沉之舟"的大船在几个小时内就沉没了。

亚洲

亚洲是亚细亚洲的简称，方圆约4 400万平方千米，是世界面积最大的洲。古希腊人称自己国家以东的地方为"亚细亚"，这在古叙利亚语中是"日出之地"或"东方"的意思。这块富饶的土地是古文明的发源地之一，是亚欧大陆的主体，在地理上习惯分为东亚、东南亚、南亚、西亚、中亚和北亚。

亚洲除了是世界上最大的洲之外，还拥有诸多个世界之最。首先，它拥有69 900千米长的海岸线，是世界上海岸线最长的大洲。其次，世界上最大的半岛阿拉伯半岛和世界第三大岛加里曼丹岛都在这里，使这里成为世界半岛面积最大的一个洲。第三，它是世界上除南极洲外地势最高的一个洲，全洲平均海拔950米。同时，它又是世界上火山最多的洲，东部边缘海外围的岛群是世界上火山最多的地区。

亚洲有着悠久的历史，黄河流域、印度河流域、幼发拉底和底格里斯两河流域，都是人类文明的发祥地。但是，在第二次世界大战之前，这里的国家大都沦为了殖民地和半殖民地，除了当时的日本。二战后，这些国家先后摆脱了殖民统治，政治上取得了独立，经济上也得到了很大的发展。

东南亚是世界天然橡胶、油棕、椰子、蕉麻等热带经济作物的最大产地；同时，它还是世界华人和华侨分布最集中的地区。位于东南亚中南半岛西北部的缅甸是一个佛教之国，国内信奉佛教者占全国人口80%以上。而且该国拥有佛塔10万多座，平均每300人有一座，如果将缅甸所有的佛塔排成一列纵队，

印度的泰姬陵是世界七大建筑奇迹之一，这集中了印度、中东、波斯建筑艺术特点的陵墓，被认为是印度伊斯兰建筑的代表之作。

万里长城

全长在 1500 千米以上。所以，缅甸也有"万塔之国"的盛称。

伊朗在古波斯语里是"光明"的意思，这个国家位于亚洲西部，是个历史悠久的古国。中国古代史书上将其称之为"安息"国，公元前 6 世纪称波斯。伊朗的传统手工业非常出名，尤其是地毯纺织，其出产的波斯地毯，图案精美，色泽鲜艳，远销世界各地。

日本是个面积狭小的岛国，但其火车网络是世界首屈一指的，并且该国的高速铁路系统——新干线更是全球最先进的火车系统之一，在新干线上行驶的列车能以时速 300 千米的速度高速前进，像一个让人猝不及防的子弹头。

位于亚洲中南半岛中部的泰国享有"千佛之国""黄袍佛国"的胜誉，其国内有 95% 的居民信奉佛教，全国的寺庙有 3 万多座，到处充满了佛教的神秘色彩，吸引了全球各地的游客到此旅游。在泰国，大象象征着吉祥，被视为泰国的国宝。

朝鲜是位于亚洲大陆东部的一个国家，面积约 122 762 平方千米。它北和中国为邻，东与俄罗斯接壤，南与韩国相连。朝鲜传统的民族服装别具特色。男装以白色的短袄、肥裤、坎肩、长袍为主要特点。女装以短袄、紧身长裙和统裙为主要特色，衬托出朝鲜妇女温柔、含蓄的性格。

◆ 中国的万里长城

中国的长城是世界建筑史上的一大奇迹，它由一堵堵城墙连接而成，西起嘉峪关，东到鸭绿江，全长 7300 千米，所以有"万里长城"的称号。中国的长城已被列入《世界遗产名录》中。

欧洲

欧洲是"欧罗巴洲"的简称，古代的闪米特人将西方日落的地方叫"欧罗巴"，与东方日出之地"亚细亚"遥相对应。欧洲位于东半球西北部，亚洲的西面，面积1016万平方千米，是世界第六大洲，根据地理位置可分为东欧、西欧、南欧、北欧和中欧。欧洲是资本主义经济发展最早的一个洲，整体经济水平比其他各大洲高出许多，科学技术、文化艺术等也走在世界前列。

欧洲是世界上海拔最低的大洲，平均海拔只有大约300米。同时，它又是世界人口自然增长率最少的大洲，仅有3‰。它拥有7.28亿人口，是世界上人口密度最大的大洲。它的海岸线有3.79万千米，非常曲折，这使它成为世界上海岸线最曲折的大洲。

关于"欧罗巴洲"这个名字，还有一个美丽的神话故事。相传在希腊神话中，欧罗巴是腓尼基西顿城国王阿革诺耳的女儿。她生得非常美丽，使得万神之父宙斯为之倾心。有一天，宙斯变成了一头牛，将她从腓尼基劫到克里特。后来欧罗巴就成为克里特国王弥诺斯、基克拉泽斯群岛的国王拉达曼提斯和吕基亚王萨耳珀冬三兄弟的母亲，受到克里特人的敬仰。

1229年，荷兰人发明了世界上第一座风车，从此开始了人类使用风车的历史，荷兰也因此有了"风车王国"的美称。在荷兰，随处可见

◆ 意大利

意大利是位于欧洲南部的一个国家，古时称过"艾诺利亚""艾斯佩利亚""威大利亚"。1946年6月2日正式命名为"意大利共和国"。

风车是荷兰一道美丽的风景

的一座座古朴而典雅优美的风车，它不仅被用来排水灌溉，还用来磨米发电。

法国位于欧洲大陆的西部，领土还包括地中海上科西嘉岛，是欧洲面积最大的国家。高达301米的埃菲尔铁塔不仅是法国巴黎的象征，也是法国人的骄傲。

英国位于欧洲大陆西部，由大不列颠岛和爱尔兰岛东北部及附近许多岛屿组成，全称为大不列颠及北爱尔兰联合王国。英国是资本主义生产关系的发源地，经济较为发达；18世纪后期的工业革命也让这个国家最早走上工业化的道路。

法国埃菲尔铁塔

黄色区域为欧洲在世界上的位置

位于北欧的斯堪的纳维亚半岛东半部的瑞典，面积44.9万平方千米，是北欧五国中面积最大的国家。瑞典拥有极其丰富的森林资源，有"森林王国"的美称。瑞典化学家诺贝尔以自己名字设立的诺贝尔奖是国际公认的最高荣誉，它共包括和平、文学、物理学、化学、生理学或医学以及经济六个奖项。

芬兰地处北纬60°～70°之间，全国有四分之一的地区都在北极圈以内，国土总面积为33.8万平方千米，是欧洲第七大国家，属于传统的北欧国家。夏季的芬兰，日照时间几乎长达24小时，因此有了"日不落国"的称谓。

丹麦位于欧洲北部波罗的海至北海的出口处，与德国接壤，西濒北海，北与挪威和瑞典隔海相望，是西欧、北欧陆上交通的枢纽，被人们称为"西北欧桥梁"。

挪威则以它的木造建筑而闻名，该国的奥尔内斯木板教堂是世界公认的文化遗产之一。

根据丹麦著名作家安徒生的童话《海的女儿》雕塑出来的艺术作品

非洲

黄色区域为非洲在世界上的位置

非洲全称阿非利加洲，在拉丁语中是"阳光灼热的地方"之意。非洲位于东半球的东南部，欧洲的南方，亚洲的西南，印度洋、大西洋和地中海之间，赤道横穿大陆，其面积达 3 020 万平方千米，仅次于亚洲，是世界第二大洲。习惯上，人们将非洲分为北非、东非、西非、中非和南非五个地区。非洲有着灿烂悠久的历史文化，是古代文明的摇篮之一。

　　它拥有 55 个国家和地区，是世界上国家和地区数目最多的大洲；它的人口自然增长率达到了 28‰，是世界上人口自然增长率最多的大洲。

　　非洲是一个缺粮的大陆，干旱的气候、增长过快的人口，再加上动荡的政局让这里常常面临干旱和饥荒的威胁。本着人道主义精神，各种国际援助常帮非洲这样经济欠发达的地区渡过难关。

　　古老的埃及文明在这里发源。埃及的首都开罗是世界上最古老的城市之一，古埃及人将开罗称为"城市之母"，阿拉伯人把开罗叫做"卡海勒"，是征服者或胜利者的意思。遍布全城的清真寺宣礼塔使开罗享有"千塔之城"的美称。埃及是世界四大文明古国之一，国内有许多古代文明的遗迹，金字塔、神庙和古墓都是埃及的代表杰作。在开罗近郊吉萨高地上的胡

埃及金字塔

青少年成长必读人文科学知识丛书

夫、海夫拉和门卡乌拉三座金字塔和一座狮身人面像堪称人类建筑史上的奇迹。

非洲大陆最南端的南非共和国，是非洲经济最发达的国家，这里的金刚石储量非常大，约占世界的四分之一，有"钻石之国"的美誉。南非的金刚石质地优良，宝石比重大，钻石研磨后即能做首饰等装饰物。

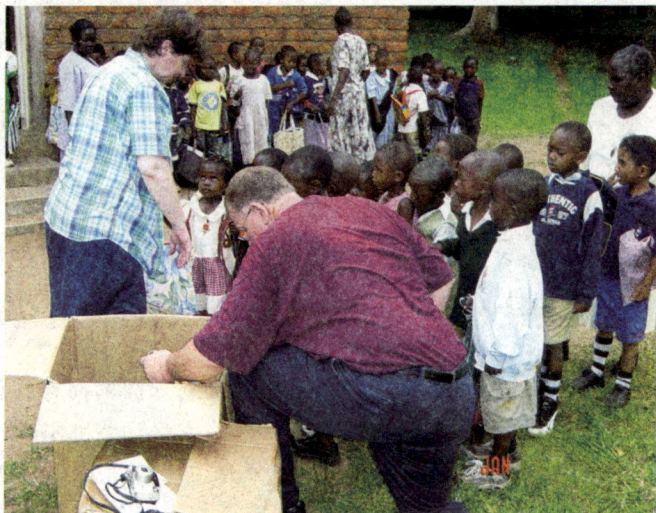

非洲儿童接受国际友好组织的救助

津巴布韦位于非洲大陆东南部，其国名在班图语中是"石头城"的意思，而津巴布韦确有一座举世闻名的古代文化遗址——"石头城"，津巴布韦人以此为荣，所以无论从国名、国旗、国徽还是硬币上，石头城都被当做这个国家和民族的象征。

索马里地处非洲东部，其国内的国民大多数是游牧民族，当地人认为骆驼是最珍贵的家畜，几乎人均拥有一头骆驼，并且全世界每三峰骆驼中就有一峰是索马里的。所以这个国家是个名副其实的"骆驼王国"。它还有个别称叫"非洲之角"，那是因为它处在印度洋和亚丁湾之间三角形陆地的尖上。

肯尼亚位于非洲东部，赤道横贯国土中部，东非大裂谷纵贯南北，因此这个国家素有"东非十字架"的称号。肯尼亚的气候湿润温和，许多野生动植物在这里都能"休养生息"。

位于坦桑尼亚东北部的乞力马扎罗山，靠近肯尼亚边境，坐落于南纬3度，距离赤道仅300多千米，该山脉的海拔达5 895米，是非洲最高的山脉，素有"非洲屋脊"之称，而许多地理学家则喜欢称它为"非洲之王"。

乞力马扎罗山

79

北美洲

北美洲是北亚美利加洲的简称，位于西半球的北部。东接大西洋，西临太平洋，北靠北冰洋，南以巴拿马运河为界，同南美洲分开。从地理上可分为：东部地区、中部地区、西部地区、阿拉斯加、加拿大北极群岛、格陵兰岛、墨西哥、中美洲和西印度群岛九个区。北美洲是世界工业发达的地区之一，矿物资源也非常丰富，其大西洋沿岸及五大湖区是世界上最发达的工业和金融贸易区。

黄色区域为北美洲在世界上的位置

北美洲大陆略呈倒置梯形，北宽南窄。它拥有很多岛屿，是岛屿面积最大的洲，岛屿面积达到了400万平方千米。世界第一大岛——格陵兰岛就在这里。格陵兰岛位于北美洲的东北角，面积有200多平方千米。格陵兰岛的原意是"绿色的土地"，实际岛上的80%以上被冰雪覆盖，是一个地地道道的冰雪之岛。

美国的自由女神像

北美洲因为横跨了热带、温带和寒带，所以气候复杂多样。在这一片大陆上，石油、天然气、煤、硫黄、铁、铜、镍、铀、铅、锌等矿藏也有相当的储量。西部山地被森林覆盖，加勒比海、纽芬兰附近海域则是世界著名的渔场。

美国位于北美洲中部，是北美洲的主要国家之一，它的领土几乎横跨整个北美大陆，包括北美洲西北部的阿拉斯加和太平洋中部的夏威夷群岛。美国不仅是当今世界上资本主义最为发达的国家，还是首屈一指的军事、科技强国。在美国纽约市曼哈顿以西的自由岛上有一座高达100米左右的自由女神巨像，它是法国政府为庆祝美国独立100周年赠予美国的礼物，是当时世界上最高的纪念性建筑。自由女神像不仅是自由的象征，也是美国人民的象征。另外，美国的拉什莫尔山雕刻着美国四位前总统华盛顿、杰斐逊、罗斯福和林肯的巨大

玛雅

头像。这座山也因此被叫做"总统山"。美国的国鸟是白头海雕，独立战争期间，它第一次出现在美国的旗帜上。

　　加拿大是北美洲的又一大国。加拿大国内枫树众多，每到秋天，满山遍野的枫叶宛如一堆堆燃烧的篝火，因此，加拿大也有"枫叶之国"的美誉。枫树被定为该国的国树，枫叶成了加拿大民族的象征，国旗、国徽上的枫叶图案代表了加拿大人对枫叶的钟爱。

　　墨西哥是美洲大陆印第安人古老文明的中心之一，也是世界著名旅游胜地，玛雅文化就是由墨西哥印第安人创造的。墨西哥号称"仙人掌之国"，国内约有1 000多种仙人掌，墨西哥人将仙人掌选为国花，象征着本国人民勇敢、顽强、不可征服的精神。在墨西哥城东北40千米处，耸立着两座美洲的金字塔，这就是太阳金字塔和月亮金字塔。两座金字塔都是古代印第安人的遗迹。与埃及金字塔不同，它们不是安葬帝王的陵墓，而是用来祭祀太阳神和月亮神的祭坛。两座金字塔内部用泥土堆起，外面用石块砌成。月亮金字塔比太阳金字塔略小，分别象征着温柔和力量。

◆ 北美经济

　　北美洲的农业生产专门化、商品化和机械化程度很高，采矿业的规模也很大，是世界工业发达的地区之一。它的中部中原主要发展玉米、小麦、稻子、棉花、大豆、烟草等的种植，是世界著名的农业区之一。

南美洲

黄色区域为南美洲在世界上的位置

南美洲是南亚美利加洲的简称，位于西半球的南部。东临大西洋，西接太平洋，北靠加勒比海，南隔德雷克海峡与南极洲相望。一般以巴拿马运河为界，同北美洲分开。南美洲的面积包括附近岛屿约为1 797万平方千米，约占世界陆地总面积的12%。南美洲土地辽阔，矿产资源丰富，加之水热条件优裕，农业生产潜力很大。

南美洲拥有世界上最长的山脉安第斯山。这是一座褶皱山，紧贴着太平洋海岸，南北方向延伸。安第斯山全长约9 000千米，也是世界最高大的山系之一，大部分海拔3 000米以上，不少高峰海拔6 000米以上。

南美洲的巴西是世界上公认的"狂欢节之乡"，狂欢节在每年的2～3月举行，主要活动是跳桑巴舞和化妆游行比赛，在为期三天的节日里，人们倾城而出，不拘平时的礼仪尽情狂欢，被誉为"地球上最伟大的表演"。同时，巴西又是南美洲最大的咖啡生产国，国内的咖啡林一望无际。巴西咖啡产量和出口量长期居世界第一位，久负"咖啡王国"的盛名，1992年，出口额达10亿多美元。

位于南美洲东南部的阿根廷是南美洲次于巴西的第二大国家，"阿根廷"这个国名由拉丁语"白银"一词演变而来，其实阿根廷几乎不产银，这里的银可泛指财富。

智利丰富的铜矿也是声名在外的，作为南美洲经济最发达的国家，它拥有非常丰富的矿、林、水产资源，铜的蕴藏量居世界第

马丘比丘被称做印加帝国的"失落之城"。它建在距乌鲁班巴河面2 400米高的山脊上，全城面积约9万平方米。是全球10大怀古圣地之一。

一，同时，智利还是世界上唯一生产硝石的国家。因此，它也有"铜矿之国"的称谓。智利有一个面积仅为165平方千米的小岛——复活节岛，坐落在烟波浩渺的南太平洋上的它以神秘的巨石人像、"会说话的木板"和奇异的风情吸引着无数游人。

秘鲁人崇拜太阳神，在该国的太阳岛上坐落着古代美洲最卓越、最著名的古迹——太阳门，它是由重达百吨以上的整块巨石雕琢而成，高3.048米，宽3.962米，门楣上还雕刻着充满象征意义的浮雕。最为神奇的是，每年9月21日黎明的第一缕曙光总会准确无误地穿过太阳门的正中央。马丘比丘位于秘鲁境内的印加古城，是一座沉睡了400年的历史古城，是南美洲最具神秘色彩的古迹之一，也是整个南美洲的象征。智利诗人巴勃罗·聂鲁达称赞它为"人类曙光的崇高堤防"。

南美洲及美国以南的北美洲地区常被并称为拉丁美洲，拉丁美洲包括附近岛屿的面积为2 070多万平方千米，占世界陆地总面积的13.8%。哥伦比亚是拉美地区独具特色的国家，它有许多"唯一"：它是拉美地区"唯一"存在游击队活动的国家，它是拉美地区"唯一"没有延期偿还外债的国家，它还是"唯一"享有"黄金国"美誉的国家和毒品犯罪最猖獗的国家。

地球的故事

智利的复活节岛上矗立着600多尊巨人石像，这些石像一般高7～10米，重达30～90吨，如此高大的石像是用什么办法搬到海滨的？其作用又是什么？一直是个谜。

83

大洋洲

大洋洲是太平洋西南部和赤道以南海域中的一块孤立的大陆，由澳大利亚大陆、塔斯马尼亚岛、新西兰南北二岛、新几内亚岛及太平洋中的美拉尼西亚、密克罗尼西亚、波利尼西亚等三大群岛，共1万多个岛屿组成，总面积897万千米，是世界上最小的一个洲。这里不仅矿产资源丰富，而且地下水资源也举世无双。

大洋洲又称为澳洲，澳洲是澳大利亚洲的简称。"澳大利亚"一词来源于西班牙文，意思是"南方的陆地"。人们在南半球发现这块大陆时，以为这是一块一直通到南极洲的陆地，便取名"澳大利亚"。后来才知道，澳大利亚和南极洲之间还隔着辽阔的海洋。

在大洋洲的大陆上，有许多特有的动植物品种，如袋鼠、树袋熊、鸭嘴兽等。袋鼠被视为澳大利亚的国家标志；鸭嘴兽是世界上最古老、最为奇特的动物；树袋熊则是澳大利亚的有袋动物之一，长得小巧可爱，喜欢爬上桉树睡懒觉。在大洋洲的许多地方，都有一些标着动物图案的路牌，这是在告诉游客和过往的车辆当地有动物，行车要注意。

澳大利亚是一个四面环海的巨大陆地，它构成了大洋洲最主要的部分，成为世界上唯一独占一个大陆的国家。澳大利亚的国土包括澳洲大陆和许多大小岛屿，其中最大的岛屿是位于大陆东南南端的塔斯马尼亚岛。从这个意义上说，它既是大陆又是大岛屿。澳大利亚拥有世界七大自然奇景之一的大堡礁，大堡礁是由2 900个独立的珊瑚礁石群组成，堪称世界上最大最美的天然海洋公园、珊瑚水族馆。

考拉是澳大利亚特有的动物，非常可爱。

建筑造型新颖奇特、雄伟瑰丽,悉尼歌剧院是建筑师罗伯特·斯丹的杰作。

澳大利亚是典型的移民国家,所形成的多民族和多元的文化被社会学家比誉为"民族的拼盘"。自英国移民踏上这片美丽的土地之日起,已先后有来自全球 120 个国家、140 个民族的移民来到这里谋生和发展。

举世闻名的悉尼歌剧院是悉尼这个国际都市的城市象征,它白色的外表,建在海港上的贝壳般的雕塑体,像漂浮在空中的散开的花瓣,是公认的 20 世纪世界七大奇迹之一。

澳大利亚第二大城市墨尔本,是维多利亚省的首府,它位于世界上最壮观的自然海港,风光旖旎,市区周围环绕着翠绿的公园,被誉为"花园之都";市内有维多利亚式、歌特式和现代风格的各式建筑,极具欧洲风情。

位于太平洋南部的新西兰,面积有 27 万多平方千米,以"绿色"著称。这里的森林覆盖率为 29%,天然牧场或农场占到了国土面积的一半。广袤的森林和牧场使新西兰成为名副其实的绿色王国。早在 1900 年,中国的猕猴桃移植到了新西兰。现在新西兰是猕猴桃的主要生产国和出口国。因叫声"几维"而得名的几维鸟,被新西兰人看做是自己民族的象征,并被定为国鸟。几维鸟是一种体型如梨的小鸟,它浑身长满蓬松细密的羽毛,既没有翅膀也没有尾羽,不能飞翔。

南极洲

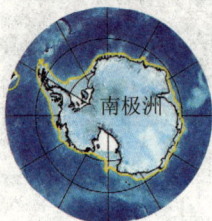

南极是一片大陆地，所以人们称为南极洲。这片大陆位于地球最南端的南极地区，其土地几乎都在南极圈内，由围绕南极的大陆、陆缘冰和岛屿组成，面积1 400万平方千米，约占世界陆地面积的9.4%，比欧洲和大洋洲大，是世界第五大洲。南极洲是人类认识最晚的一块陆地，因此它的许多秘密还鲜为人知。

不过，南极的陆地被上面的冰山雪地遮盖得严严实实，在南极洲根本看不见土地的影子。南极洲年平均降水量为55毫米，大陆内部年降水量仅30毫米左右，极点附近几乎无降水，空气非常干燥，因此有"白色荒漠"之称。企鹅、海豹和各种海鸟，是这个白色大陆的"居民"。

南极洲大部分地方覆盖着厚厚的冰层，其平均厚度约为2 000多米，最厚处可达4 000米以上，被称为"冰雪高原"。这里的平均海拔有2 350米，是世界上海拔最高的大洲。同时它也是世界上地理纬度最高的大洲，和世界上跨经度最广的大洲。它的大部分地区在南极圈以南地区，即南纬66.5°以南；而且，它跨越了360°的经度。

憨态可掬的企鹅是南极洲的长驻居民

青少年成长必读人文科学知识丛书

它四周围绕着多风暴且易结冰的南大洋，为大西洋、太平洋和印度洋的延伸，科学家们将之称为"世界第五大洋"。这使它成为世界上最干燥、最寒冷、风雪最多、风力最大的大洲。

破冰船能在南极洲冰雪覆盖的环境中破冰前行

南极洲植物稀少，仅有苔藓、藻类、地衣等；海水中或陆地边缘的常见动物有海豹、海狮和海豚，鸟类有企鹅、信天翁、海鸥、海燕等；海洋中盛产鲸类，有蓝鲸、鲱鲸和驼背鲸等，是世界上产鲸最多的地区。

企鹅是南极的象征。世界上大约有20多种企鹅，它们的分布以南极大陆为中心，北到非洲大陆南端、南美洲和澳洲，全部分布在南半球。企鹅是南极大陆的"土著"，帝企鹅、阿德利企鹅、金图企鹅、帽带企鹅、王企鹅、巴布亚企鹅、喜石企鹅和浮华企鹅等7种企鹅，占到了世界企鹅总数的87%，南极地区海鸟总数的90%，大约有1.2亿只。

海豹也是生活在南极的物种之一。它们是哺乳动物的一种，为了逃避天敌的追击，或为了寻觅更加丰富的食物，又重新返回了大海。南极的海豹家族非常庞大，栖息着锯齿海豹、威德尔海豹、罗斯海豹、象海豹、豹海豹和海狮等6种海豹，大约有3 200万头，占世界海豹总数的90%。它们以海洋生物为食，主要是磷虾，在水里的游泳速度可达每小时20~30千米。

南极洲没有定居居民，仅有一些来自其他大陆的科学考察人员和捕鲸队。中国考察队在1984年11月第一次赴南极考察，1985年2月在西南极乔治王岛建立了中国第一个南极考察站。到了20世纪中期，已经有40多个国家在南极建立了自己的科学考察站，对这块神秘的地方展开了一系列的科学研究。

◆ 南极洲的气候
南极洲的冬季极端气温很少低于零下40摄氏度。1960年8月24日，前苏联东方站测得南极洲气温为零下88.3摄氏度，是现在世界上最低的气温记录。

北极世界

人们通常所说的北极地区是指北纬66°33′以北的广大地区。如果以北极圈作北极的边界，那么北极总面积为21万平方千米，包括极区北冰洋、边缘陆地海岸带及岛屿、北极苔原和最外侧的泰加林带。

北冰洋位于北极圈内，处于地球的最北端，被欧洲大陆和北美大陆环抱着，有狭窄的白令海峡与太平洋相通；是世界上最小、最浅的大洋，面积约为1 479万平方千米，不到太平洋的十分之一。仅占世界大洋面积的3.6%；体积1 698万立方千米，仅占世界大洋体积的1.2%；平均深度1 300米，仅为世界大洋平均深度的三分之一，最大深度也只有5 449米。冬季，80%的洋面被冰封住，就是在夏季，也有一多半的洋面被冰霸占。

古希腊曾把北冰洋叫做"正对大熊星座的海洋"。1650年，荷兰探险家W. 巴伦支，把它划为独立大洋，叫大北洋。1845年，英国伦敦地理学会命名，汉语翻译为北冰洋。

北冰洋的平均水温只有零下1.7摄氏度，是个非常寒冷的海洋。洋面上有常年不化的冰层，厚度在2～4米不等，北极点附近冰层可厚达30米。北冰洋又是四大洋中温度最低的寒带洋，终年积雪，千里冰封，覆盖于洋面的坚实冰层足有3～4米厚。每当这里的海水向南流进大西洋时，随时随处可见一簇簇巨大的冰山随波漂浮，逐流而去，就像是一些可怕的庞然怪物，给人类的航运事业带来了一定的威胁。

北冰洋是世界上条件

◆ 北极熊

　　北极熊生活在北冰洋及其岛屿，在北极，一年四季都有北极熊出没。由于它们生活在气候严寒的北极地区，所以为了减少体温的损耗，它们的耳朵和尾巴生得非常小。它们生有浓密的皮毛，有助于抵御北极的严寒。

北极熊是北极的象征 →

最恶劣的地区之一，由于位于地球的最北部，每
年都会有独特的极昼与极夜现象出现。这里
第一大奇观就是一年中几乎一半的时间，
连续暗无天日，恰如漫漫长夜难见阳
光；而另一半日子，则多为阳
光普照，只有白昼而无黑
夜。由于这样，北冰洋
上的一昼一夜，仿佛是
一天而不是一年。第二
大奇观是五颜六色的极
光像突然升起的节日烟
火，一下照亮半边天；它时
而如舞在半空的彩条，时而像挂在天际的花幕，时而如探照
灯一样直射苍穹。但极光的美，无法掩饰北冰洋恶劣的气候。
这里千里冰封，终年雪飘，天气严寒，冰山林立，这里的海
冰，约有300万年的历史。

爱斯基摩人的冰屋，不但美
观结实，而且保暖防寒。

　　常年生活在北极地区的土著民族是爱斯基摩人，也叫因
纽特人。他们善于用冰雪造屋，一般养狗，用以拉雪橇。主
要从事陆地或海上狩猎，辅以捕鱼和驯鹿。以猎物为主要生
活来源：以肉为食，毛皮做衣物，油脂用于照明和烹饪，骨
牙做工具和武器。男子狩猎和建屋，妇女制皮和缝纫。他们
世世代代生活和居住在这里，至少有4 000多年的历史。在过
去的漫长岁月中，他们过着一种没有文字、没有货币，却是
自由自在、自给
自足的生活。随
着时代的变迁，
因纽特人已经开
始接受现代文明，
生活发生了巨大
的变化。

狗拉雪橇是爱斯基摩人的
交通工具

大气

在地球引力的作用下，地球的外部聚集了厚厚的一层大气，没有颜色和气味，既看不见也摸不着。它是一种混合气体，主要成分是氮和氧。氮是大气的主要成分，按其重量计算，它占到了大气的 78.09%。此外，氧占 20.95%，氩占 0.93%，二氧化碳占 0.032%，其余的是其他气体。

大气层好比是地球的一件"外衣"，它均衡地保护着地球的"体温"，使地球的万物不致受到来自宇宙的侵害，我们人类就生活在大气层中。地球吸收了太阳光后，再将其中的一部分热量释放到空气中。这些热量又被大气层中的水蒸气和云截留住，重新返回到地球上。大气层就像罩在地球上的一个巨大篮子，使地球变得温暖、舒适。

通过人造卫星，人们得知大气层有 2 000 ~ 3 000 千米厚，根据大气的温度、密度等物理性质在垂直方向上的差异，大气层可以分为五层，包括：对流层、平流层、中间层、暖层和散逸层。

对流层是指从地面到 10 ~ 12 千米高空的范围。这一层大气与我们人类的关系最密切，因为绝大多数水汽都集中在对流层里，因此天气的阴晴变化、风云雨雪等各种天气现象都发生在这一层。对流层的上方被称为平流层，人们乘坐的飞机就是在这里飞行的。平流层里有一种气流叫急流，大多由西往东吹，最高时速可达 483 千米。飞机飞行时常借助急流的推动力。从平流层顶到 80 千米高度的空间称为中间层，这一层空气更为稀薄，温度随高度增加而降低。再向上，从 80 ~ 500 千米是大气层当中的热层，这一层温度随高度增加而迅速增加，层内温度很高，昼夜变化很

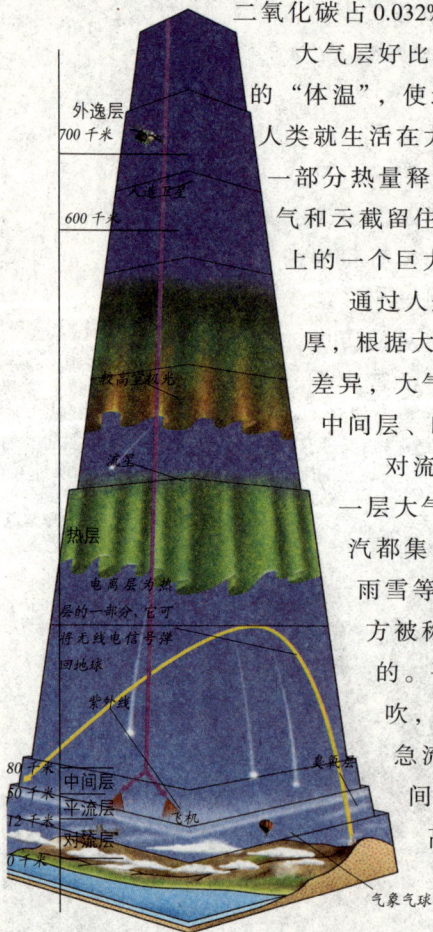

外逸层
700 千米

人造卫星

600 千米

最高亮极光

流星

热层

电离层为热层的一部分，它可将无线电信号弹回地球

紫外线

臭氧层

80 千米
50 千米
12 千米
0 千米

中间层
平流层
对流层

飞机

气象气球

人造卫星在大气层中飞行时，会与大气发生摩擦，这时速度就减小了，测出人造卫星速度的变化，就能计算出大气的密度。

大，热层下部尚有少量的水分存在，因此偶尔会出现银白并微带青色的夜光云。热层以上的大气层称为逃逸层，这层是地球大气的最外层，这里的空气极为稀薄，其密度几乎与太空密度相同，所以常常称为"外大气层"。逃逸层的温度随高度增加而略有增加。由于空气受地心引力极小，气体及微粒可以从这层飞出地球磁场进入太空。

地球对大气层有着巨大的吸引力，所以大气层才能紧紧地环绕地球。如果宇航员想要离开地球去太空探索，就必须克服地球的引力。他们只有以大于7.9千米/秒的时速穿越大气层才能进入到太空。同样的情况与月球做一个比较。月球上本来也有大气，但是由于它质量小，引力小，月面的重力只有地面重力的16%，月球上只要有2.4千米每秒的速度就可以逃逸到宇宙中去，因此，质量小、运动迅速快的大气没能在月球周围保存下来。

大气层是地球的保护层，使地球避免了许多来自太空的伤害。比如，从星际高速冲向地球的陨石，因为与大气剧烈摩擦而减慢速度，摩擦产生的高热还会使绝大部分陨石在100多千米的高空化为灰尘和气体，从而使大气层化险为夷。但是人类和其他生物的活动会引起大气的变化。目前，大气中二氧化碳的含量在增加，这主要是由于大量燃烧的煤、石油、天然气造成的。大气中二氧化碳含量增加，将使地球上的气温越来越高。

◆ 大气层与人类

在大气的平流层当中，离地面15～35千米的地方是臭氧层，这个特殊的空气层像一面滤色镜，能把阳光中有害的紫外线滤去。如果没有臭氧层，人和动物就无法在地球上生存。

臭氧层

在包围着地球的大气层中，在距离地球表面15～25千米的高空，有一个特殊的圈层，是人类真正赖以生存的保护伞——臭氧层。它的形成是太阳的紫外线辐射的作用，低空的来自雷电作用，松林树脂化也能形成微量的臭氧。

臭氧顾名思义，是一种具有特殊气味的气味。德国化学家先贝因博士在150多年前提出，水电解及火花放电中产生的臭味，同在自然界闪电后产生的气味相同。于是，他就给这种物质起名为臭氧（OZONE），取意于希腊文的OZEIN，是"难闻"的意思。

臭氧和人们通常意义上所说的氧气有所不同。臭氧分子（O_3）比氧气分子（O_2）多一个氧原子（O）。氧分子在分解为氧原子后，再与另外的氧分子结合，最终形成臭氧分子。自然界中的臭氧，主要是紫外线制造出来的。它们存在于距地面20～50千米的高空，在那里形成了一个圈层，把地球包围起来。太阳光中的紫外线分为长波和短波，大气中的氧气分子（O_2）受到短波紫外线的照射，就会分解成原子状态。氧原子（O）是一种极其不稳定的粒子，很容易与其他物质发生反应。如果这时候遇见氢（H_2），它们就会反应生成水（H_2O）；如果遇上碳（C），它们就会发生反

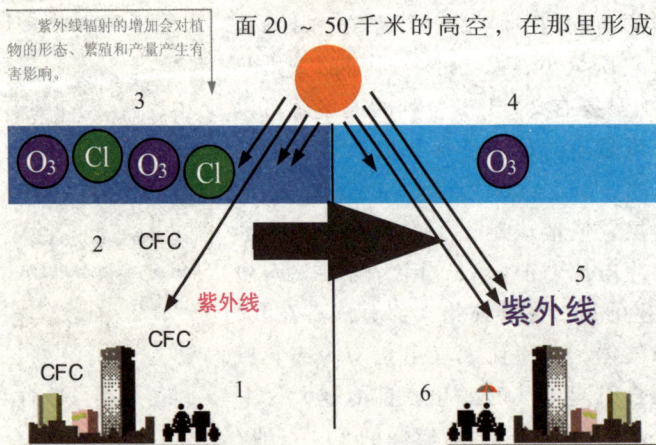

1. 氟氯化碳（CFC）释放到空气中；
2. 氟氯化碳向上升到臭氧层；
3. 在紫外线照射下，氯（Cl）从氟氯化碳中分离出来；
4. 氯破坏臭氧层；
5. 臭氧减少导致紫外线照射增强；
6. 强烈的紫外线照射极易引起皮肤癌。

应生成二氧化碳（CO_2）。同样的道理，当氧原子（O）遇见氧分子（O_2），就会形成臭氧（O_3）。因为臭氧的比重比氧气大，所以在形成后就会慢慢向臭氧层的底层降落。在降落过程中，随着温度逐渐上升，臭氧分子也表现出了它的不稳定性，在长波紫外线的照射下，它会再次还原为氧（O_2）。臭氧层就是这样动态地保持着氧气与臭氧之间相互转换的平衡。

雨后的森林，空气会显得格外新鲜，这就是空气中臭氧增多的缘故。少量的臭氧有杀菌、消毒、净化空气的作用，对人体也有好处。但是，过多的臭氧则会对人体造成危害，不过臭氧层在远离地表的高空中，不会对人和生物造成危害。相反，它会对地球起到一个极好的保护作用，它帮助地球隔离了90%以上的紫外线，使地球上的生物免受强烈紫外线的照射。此外，它可以把吸收的紫外线转化成热能，使大气升温。大气层在距地面15～50千米的时候有一个升温层，就是缘自臭氧层对大气的加热作用。最后，在对流层上部和平流层底部，这里的气体温度很低。如果要是不存在臭氧层，这一高度的气体就会导致地面温度下降。所以说，臭氧的高度分布及变化是极其重要的。

但是现在，人类的活动已经开始对臭氧层造成破坏了。人类活动向大气中排入氯氟烃（如氟里昂）和含溴卤化烷烃（哈龙）等气体，这些气体主要用于制冷装置的冷冻剂、气溶胶、有机溶剂和泡沫发泡等，它们会造成臭氧减少。臭氧层耗损对人类健康及其生存环境都有着巨大的危害，臭氧层破坏已经成为当前全球面临的环境问题之一。从1995年起，每年的9月16日被定为"国际保护臭氧层日"。

◆ 臭氧空洞

英国科学家法尔曼等人于1984年在南极哈雷湾观测站发现，高空的臭氧层已极其稀薄，与周围相比像是形成一个"洞"。这是人类历史上第一次发现臭氧空洞。臭氧层的破坏会导致过多的紫外线辐射到地面。不过经过不断的研究和努力，这个南极上空的臭氧空洞有望在2050年开始恢复。

地球的气温带

人们常说的气温就是指人体感受到了空气的冷热程度。到目前为止，地球上的最高温是出现在东非索马里沙漠的63摄氏度，最低温度则在南极极点附近，为零下94.5摄氏度。

太阳高度角是指太阳光与地面的仰角。当太阳高度角达到最大值90°时，阳光穿过的大气层最薄，能量损失得最少；而且此时，地面被照射的面积也最小，能量集中，地面增温快，因此气温高。但是当太阳光斜射到地球上时，它所需要穿越的大气层就会增厚，能量在这一过程中也会得到一定的损失；而且被照射的面积也相对加大，因此此处的气温就会低一些。从地球的形状和它自身所处的位置来看，太阳高度是由赤道向两极逐渐变小的，那么太阳光热在地球表面的分布，也就是由赤道向两极逐渐减少。所以说，地球上的热量是按照纬度呈带状分布的。据此，人们把地球划分成了五个地带，也就是热带、南温带、北温带、南寒带和北寒带，简称"地球五带"。

地球上南北回归线之间的地带被称为"热带"。这里的太阳光常年都与地面保持垂直或近似垂直的角度，终年气温都很高，是全球最热的地带，它的名字也是由此而来。这里的昼夜长短没有显著的变化，更不会出现极昼和极夜现象。

热带雨林位于赤道附近，是一个相当潮湿且温暖的森林，生长着许多茂密的树木。

温带是指南北极圈和南北回归线之间的地带。北极圈和北回归线之间的称北温带，南极圈和南回归线之间的称南温带。这里太阳高度的变化幅度相对较大，所以这里有着明显的季节之分。太阳高度较大时，气温较高，温带就进入了夏季；反之就到了冬季。在这里，一年被划分为春、夏、秋、冬

青少年成长必读 人文科学知识丛书

◆ 一天内的气温变化

生活在地球上的人们可以感受到，在一天之内地球上的气温也会有所变化。这也是由太阳高度角决定的。正午12点的时候，太阳辐射最强。但一般在下午2点左右，气温才达到一天的最大值。

四季，而且南北温带的季节恰好相反。在这里，夏季昼长夜短，冬季昼短夜长。昼夜长短的变化随着纬度的增高而越加明显。

南极圈和北极圈以内的区域就是人们所说的寒带。在北半球称为北寒带，在南半球称为南寒带。这里的太阳高度角终年都在23°27′以内，这里的气候也因此处于终年寒冷的状态。

在地理学上，还有根据当地气温划分气温带的方法。这种方法的依据是各地最冷月和最热月的平均气温。按照这种方法也可以把地球划分为五个气温带，不过相对于刚刚提到过的天文划分方法，这五个气温带被称为"地理气温带"。这两种方法划分出的区域都大致相同。

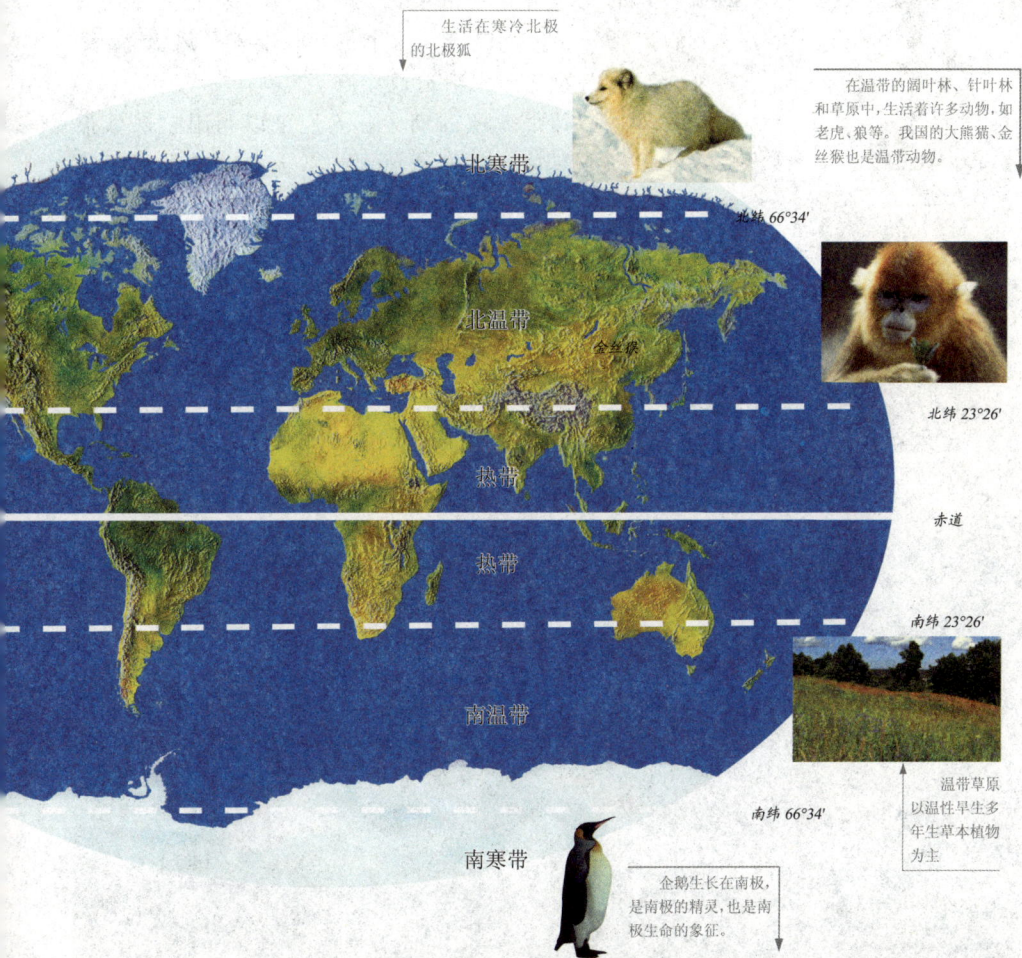

生活在寒冷北极的北极狐

在温带的阔叶林、针叶林和草原中，生活着许多动物，如老虎、狼等。我国的大熊猫、金丝猴也是温带动物。

北寒带

北纬 66°34′

北温带

金丝猴

北纬 23°26′

热带

赤道

热带

南纬 23°26′

南温带

温带草原以温性旱生多年生草本植物为主

南纬 66°34′

南寒带

企鹅生长在南极，是南极的精灵，也是南极生命的象征。

95

风

由于各地太阳辐射的强度不一样，地球的每一个角落的温度也就不完全相同，于是就形成了空气间的气压梯度。这个梯度使空气开始做水平运动，空气的运动就带来了我们熟悉的风。风的大小对人们的生活影响很大，为了测量风的大小，人们把风分为 0 ~ 12 级，这个衡量标准就是风级。6 级以上的风会对人们的生产生活造成影响。

首先，风是一种很方便的动力，人们可以利用它来做很多事情，如推动船只航行、转动风车代替人工劳动、利用风力发电等。

风筝是人类最早的飞行工具，因为经风一吹便发出"筝鸣"般的声音而得名，风筝是靠风的推力升扬于空中的，曾用于军事。如今，放风筝已发展成一种有益于身心健康的文化活动，老少皆宜。风车是古代留传下来的一种既实用又有效率的重要工具，有风时，风力便能推动风车的扇叶转动，然后带动磨及水车等工具进行脱谷、磨面、灌溉等繁重的劳动。几千年以前，中国、埃及和波斯，都曾经使用过风车。

帆船也是借助风力来行驶的，帆板在前进时根据风向，需要不断调整帆的角度，因此，操纵帆船的人必须要掌握各种

风向标

大风

技巧，才能乘风破浪。如今，帆船运动已经发展成为集娱乐性、观赏性、探险性、竞技性于一体的项目。

现代人利用风力发电，看中的是风能具有成本低、无污染且取之不尽等特点。它是利用电脑控制桨叶随风转动，就把桨叶的旋转力转变为电力。所以地球上许多风大的地方都建起了风力发电站。但这种无公害的能源也存在缺点，那就是：风力不稳定，风力和风向时常改变，能量无法集中。

风可以为人类提供种种便利，但也会给人类生活带来毁灭性的灾难。有一种发生在热带海洋的风暴，它吹越海面时，可以掀起10米高的巨浪；它推进到岸边，会叠起一片浪墙，汹涌上岸，席卷一切。这种风暴，在亚洲东部的中国和日本，叫做台风；在美洲，叫做飓风。龙卷风是一种强烈的旋风，它的上端与积雨云相接，下端有的悬在半空中，有的直接延伸到地面或水面，一边旋转，一边向前移动。龙卷风的破坏力非常惊人，它不仅可以将大树连根拔起，还能把100多吨的重物举到10米以上的高空，并摔出百米远。

南极常年刮大风，最大风速可达百米每秒左右，比33米每秒的12级大风还高出近3倍，烈风能轻而易举地把200多千克的大油桶抛起来，抛到几千米以外。南极洲的德尼森岬是个巨大谷地的谷口，这里一年中有340天刮风暴，成了名副其实的"风暴王国"。法国的迪尔维尔站曾在这里测到100米每秒的大风，相当12级台风风速的3倍，而它的破坏力相当于12级台风的近10倍。这是迄今为止世界上记录到的最大的风。

风力发电由电脑控制桨叶随风转动，就能把桨叶的旋转力转变为电力了

◆ 海陆风的成因

由于海陆热容量的不同，陆地在白天增温快，晚上降温也快，海洋的变化就相对慢一些。所以在白天的时候，陆地上空的空气受热膨胀上升，形成低气压；海洋上空形成高气压，空气就从海洋向陆地运动，就形成了由海上吹来的风。到了晚上，情况刚好相反。

云 和雾

雾

地面的空气从河流、湖泊、海面和陆地吸收了水分后，进入空气向上蒸发，当这些湿热的空气上升到一定高度后，由于温度下降，携带的水蒸气围绕空气中的尘埃凝结成极细小的水滴或冰晶，许许多多的水滴或冰晶越集越多，最后就形成了云。而雾是一种位置很低的云，空气在靠近地面的地方冷却，就会形成雾。

云千姿百态，洁白、光亮，一丝一缕的叫"卷"；弥漫大片，均匀笼罩大地不见边缘的叫"层"；一堆堆、一团团拼缀而成并向上发展的叫"积"。层云是灰色的，常覆盖了整个天空，看上去像空中的薄雾。在丘陵地区，层云往往像一层潮湿的薄雾笼罩着地面。

气象学家根据高度把云分为高、中、低三种。按形状、结构和成因，云又被划分为 10 种国际云级。每一种云都预示着未来的天气，所以气象工作都常常通过观察云来预测天气。云里其实也含着路的信息，几个世纪以来，在海上迷失方向的水手，常常靠天上的云指引他们去陆地。例如，水手们知道，如果地平线上升起朵朵白云，那么白云下面就是岛屿。

云在空中漂浮的过程中，气温下降时，在接近地面的水蒸气凝结成悬浮的微小水滴，就形成了雾。来自陆地的暖空气漂到寒冷的海面，就会形成海雾；在北冰洋，雾从海面上升起，就像是水蒸气从沸水里冒出来，就种雾被称为海烟。

大雾也能造成灾害，起雾的时候，能见度降低，无论是在陆地上还是海上，大雾都会引发事故。英国的伦敦有"世

美国旧金山金门大桥雾景

界雾都"的称号，那里一年中平均每5天就有一个雾天，一旦发生大雾，常常连续好几天，有时会对城市交通和生命造成严重的灾害。

中国的重庆市除了有"山城"的别称，也是一个典型的雾城，这里年平均雾日超过90天，最多的年份能达到200天以上。每到深秋和冬季，重庆的江面大部分时间都在浓雾的笼罩下，整个城市都会陷入一片雾海当中。

海雾是海面低层大气中一种水蒸气凝结的天气现象。因它能反射各种波长的光，故常呈乳白色。雾的形成要经过水汽的凝结和凝结成的水滴（或冰晶）在低空积聚这样两个不同的物理过程。在这两个过程中还要具备两个条件：一是在凝结时必须有一个凝聚核，如盐粒或尘埃等，否则水汽凝结是非常困难的；另一个是水滴（或冰晶）必须悬浮在近海面空气中，使水平能见度小于1千米。海雾因产生的原因不同，可分成4种类型：平流雾、冷却雾、冰面辐射雾、地形雾。而平流雾、冷却雾最常见，中国海区出现的海雾，主要是这种平流雾。在世界众多著名海雾区出现的海雾，也大都是平流雾造成的。每当海面出现雾、雪、暴风雨或阴霾等天气，海上能见度小于2海里时，一般常用的灯光或其他目视信号将失去作用，常用声响进行导航。用于导航的发声设备很多，有雾笛、雾钟、雾哨、雾角等。

◆ 空中的云

按照高度的不同，空中的云由低到高依次为积雨云、层积云、高积云和卷层云。积雨云颜色较深，是大雨来临的信号；高积云常成群、成行或成波浪状排列；卷层云呈乳白色薄纱状，由小冰晶组成，它会使太阳及月亮四周出现被称为"月晕""日晕"的明亮光环。

酸雨

酸雨是一种特殊的降雨。之所以叫它"酸雨",就是因为它的化学性质是酸性的。有人认为酸雨是一场无声无息的危机,而且是有史以来对人类冲击最大的环境威胁,是一个看不见的敌人。

酸雨的全称应该叫做"酸性沉降",是指 pH 值小于 5.6 的雨雪或其他形式的大气降水。酸性的降雨最早引起人们的注意,所以人们习惯将它们统称为酸雨。pH 值是化学中用来划分物质酸碱性的一种标度,依据的是溶液中氢离子活度。通常 pH 值是一个介于 0 ~ 14 之间的数,当某溶液的 pH 值小于 7时,溶液就呈酸性;当 pH 值大于 7 时,溶液呈碱性;当 pH 值等于 7 时,溶液呈中性。酸雨分为"湿沉降"和"干沉降"两种。前者是说所有气状污染物或是粒状污染物,随着大气降水(雨、雪、雾、雹等形式)落到地面。后者就是指在没有降水的时候,空中将下的是粉尘所带有的酸性物质。

大气中含有大量的二氧化碳,这使得大自然中的降雨本身就呈现酸性,pH 值大约为 5.6。这是二氧化碳在常温情况下溶解到雨水中,并达到气液平衡的结果。但是随着人类工业和社会的发展、能源消费的增多,空气中的

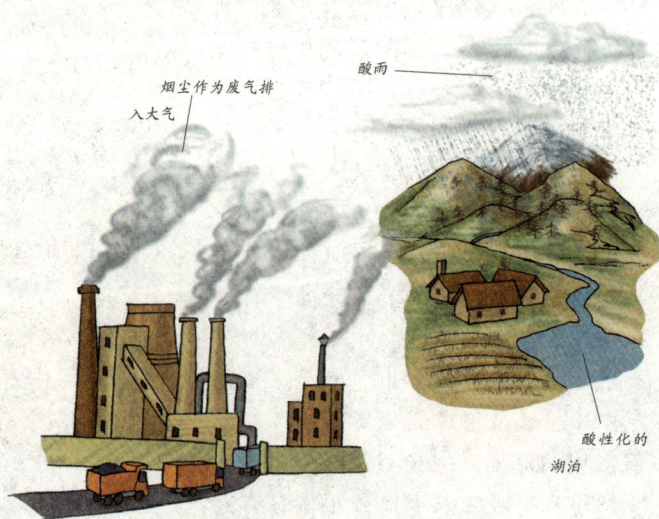

酸雨造成的森林树木死亡

烟尘作为废气排入大气

酸雨

酸性化的湖泊

酸性物质越来越多。工业生产会排放出很多废气，这些废气中就含有大量的酸性物质。像二氧化硫、氮氧化物等，都是造成酸雨发生的罪魁祸首。它们在大气中发生一系列作用，与大气中的水结合生成硫酸和硝酸，降落到地面就形成了酸雨。

其中，60% ~ 65%都为硫酸。硫酸主要是因为燃烧矿物燃料释放的二氧化硫，人类工业中的发电厂、钢铁厂、冶炼厂等，是二氧化硫最大的排放源；此外还有人们日常使用的小煤炉。据统计，现在每年全世界人为释放的二氧化硫约有1.6亿吨。其次是硝酸，约占30%，这是氮氧化物和水作用的结果。氮氧化物气体主要是在高温燃烧的情况下产生的。像汽车发动机燃烧室中，以及矿物燃料在高温燃烧时都会放出氮氧化物。氯化氢紧随其后，占到了约3%。氯化氢会生成盐酸，它的来源除了使用氯化氢的工厂以外，焚烧垃圾（塑料制品中有大量的氯）和矿物燃料燃烧时都会释放这种气体。

大自然本身具有一定的自我清洁能力。一定量的污染，大自然可以通过自身的系统消化掉。就好比吃饭一样，饭量再大，也还是有个限度的。污染量太大，大自然就承受不起了。雨水酸化，给人类的生活环境带来了很大的危害。首先对人类来说，二氧化硫等会导致哮喘、干咳等呼吸道疾病；还会刺激人的眼睛。其次，酸性粒子沉积在建筑物或雕像上，会对它们的表面造成腐蚀。这样会缩短建筑物的使用寿命，修补这些损害也是一笔很大的花费。第三，酸雨会影响植物的生长，会导致其生长缓慢，甚至死亡。土壤中的金属元素也会被酸雨溶解，造成矿物质大量流失。高山区由于经常有云雾缭绕，因此酸雨区高山上森林受害最重，经常出现成片死亡的情况。

◆ 减少酸雨的方法

减少酸雨有效的办法就是减少二氧化硫、氮氧化物等酸性气体的排放量。对于工厂来说，应该提高煤炭燃烧的利用率，同时采用烟气脱硫装置。人们在日常生活中，应尽量减少煤的使用量，用煤气或天然气来代替煤；减少车辆尾气的排放等。从一点一滴减少对环境的破坏。

雪

雪花是由云里的水汽凝成的小水晶，在温度为零下 20 摄氏度和零下 40 摄氏度之间的云层凝成。这些微小的冰晶互相黏结在一起，形成雪花。当上升的气流托不住的时候，雪花就从云中飘落下来。点点雪花飘飞，给大地披上美丽的"冬装"，人们在这浪漫的氛围里尽情遐想。

雪花在没有落下来以前是一个个小冰晶，主要有呈六棱柱状的柱晶和呈六角形薄片状的片晶两种。这些单独的雪花下降时会互相合并在一起，成为更大的雪片。每一片雪花周围的水汽多少各不相同，所以每朵雪花的形状不一样，每一片雪花都是独一无二的。科学家用显微镜观察过成千上万片雪花后得出的结论是：形状、大小完全一样的雪花在自然界中是无法形成的。在下雪的时候，根据一定的标准，降雪通常被划分为小雪、中雪和大雪。小雪是指水平能见距离在 1 000 米或以上、24 小时内雪量小于或等于 2.5 毫米的降雪。水平能见距离在 500～1 000米之间、24 小时内雪量为 2.5～5 毫米的为中雪。水平能见距离小于 500 米、24 小时内雪量大于 5 毫米的为大雪。

世界上下雪最多的地方是位于美国华盛顿州的雷尼尔山，这座被冰雪覆盖的山峰海拔 4 392 米，是美国最高的火山。如今，雷尼尔山已成为美国著名的旅游胜地，每年都有 200 多万游客到此观光或登山滑雪。中国民间有句俗语叫"瑞雪兆丰年"，此话不假，这是因为

暴风雪的天气，可见度很低，行人举步维艰。

刚落下的雪，间隙里充满了空气，覆盖在大地上，犹如一条巨大的毯子保护着越冬的植物不被冻死。等到来年春暖花开时，冰雪融化，大地水量充足，庄稼就能长得茂盛。

除了白色，地球上还下过红、黄、褐等彩色的雪。1959年，南极洲拉扎列夫浮冰站上空，飘起了红色的大雪；1962年，前苏联奔萨州飘下一片黄中带红的雪；瑞士高山区下过褐雪。这些彩色的雪是低等植物红藻、黄藻等藻类繁殖后形成的。这些藻类被暴风刮到高空，同雪片相遇，粘在雪片上，把雪片染成了各种颜色。

大规模降雪也会为人们的生产和生活带来灾难，遭遇特大风暴袭击的地方，不仅会造成气温骤然下降，风雪弥漫，而且一些沿海地带还会造成洪水泛滥、海水猛涨、火车出轨、船只沉没等灾害。在山地附近，也常有大量积雪从高处突然崩塌下来，这是雪带来的另一种灾难——雪崩。引起雪崩的原因很多，一般是积雪堆积过厚，超过了山坡面的摩擦阻力时，基底为春雨所松动，温暖干燥的风、声音的震响等都能使积雪开始运动，崩塌就开始了。雪崩是一种严重的自然灾害，一旦发生，势不可挡。成千上万吨的积雪夹杂着岩石碎块，以极高的速度从高处呼啸而下，所过之处将一切扫荡净尽。

其实，雪不是冬天独有的景观，世界上有的地方，在快到夏季的6月份也有过下雪的记录。1861年西欧和北美都曾"六月飞雪"。

与人工降雨的方法相同，人们在需要的时候也可以进行人工降雪。能下雪的云，必须是0摄氏度以下的"冷云"。在这样的云层中，既有水汽凝结的小水滴，也有水汽凝华的小雪晶。用大炮将碘化银或是干冰发射到高空，就会形成人工降雪。通常情况下，人工降雪比人工降雨的成功率大，雪晶比雨滴也更容易形成。只要人工给大气增加一些结晶核，就会催生出一场大雪来。

雪崩

◇ 雪碟

1915年1月10日的德国柏林，曾下过一场奇雪，雪花如盘碟大小，直径可达8～10厘米，而且形状也与碟子相似，四周边缘也朝上翘着，它从空中下降时，人们将之称为"雪碟"。

堆雪人是大人和孩子在冬季非常喜欢的一种游戏

103

雷电

当云团产生大量静电，云团之间或云团和地面之间的电位差很大时就会发生猛烈的放电现象，产生耀眼的巨大电花，这就是闪电。闪电能使周围的空气温度一下子升到30 000摄氏度，这个高温是太阳表面温度的5倍。空气骤然升温，急速膨胀，就会发出轰隆隆的响声，这就是雷鸣。闪电和雷鸣是一种自然现象，它们可能带来一系列的麻烦与灾难，但人类通过对它们深入的认识与研究，做到了防患于未然。

人们把发生闪电的云称为雷雨云，也就是通常所说的积雨云。这种云是在强烈垂直对流过程中形成的。在形成过程中，正负电荷在大气电场以及温差起电效应、破碎起电效应的同时作用下，开始在云的不同部位积聚。当云层中的电荷积聚到一定程度，就会发生放电现象。也就是在云与云之间或云与地之间，发生闪电。

线状闪电或枝状闪电是人们经常看见的一种闪电形状。它有耀眼的光芒和很细的光线，对人类危害很大。闪电总是沿最近的路直达地面，高耸的树和高层建筑最容易遭受闪电的袭击。闪电来时，如果站在大树附近容易触电，很危险；如果呆在汽

威力较小的先导闪电将周围空气离子化，并以"之"字形到达地面。

车里就相对安全，因为即使闪电打到车上，它也会通过橡胶轮胎传到地下。此外，还有一种罕见的球状闪电，它是一个直径约几厘米到几十厘米的耀眼发光的火球，呈红色、白色或蓝色。球状闪电的生命史不长，大约为几秒钟到几分钟。

闪电和雷鸣几乎是同时发生的，但处在地球上的我们总是先看到闪电再听到雷声，这是因为光的传播速度比声音快的缘故，如果在看到闪电后过5分钟听到雷声，这说明雷暴发生在约2千米以外。

当天气又闷热又潮湿，天空中有厚厚一层积雨云时，往往就要下雷暴雨了。地球上的雷暴雨，平均每年发生1600多万次，雷暴雨活动最剧烈的地方是赤道和热带地区，温带地区夏

被闪电击中的树木燃烧，有可能引发火灾。

季会出现雷阵雨。1994年，巴西全国宇宙调查研究所通过气球和卫星进行了数次定期观察，取得了4 000万份数据，结果证明，巴西是世界上闪电次数最多的国家，每年大约有1亿次。遇到暴雨打雷闪电的天气，最好蹲在地上，不能快速奔跑，因为有可能产生跨步电压。所谓跨步电压是雷击点附近，两点间很大的电位差，若人的两脚分得很开，分别接触相距远的两点，则两脚间便形成较大的电位差，有可能引来雷击。

雷电往往会给人类带来灾害，所以科学家们研究避雷消雷技术对雷暴进行控制。1752年，美国发明家富兰克林在雷雨中升起丝制风筝，发现并证明闪电是一种电现象。他就此展开研究，发明了避雷针。到现在差不多一般高建筑物都要装备避雷针来防止被雷击。目前，美国还有一种火箭诱雷触发器。它前端装有金属丝，雷暴前，将它发射到几百米的天空，金属丝就会诱发雷云放电，及时消除雷暴。

◆ 闪电里的生机

氮是植物必不可少的养分，而大气中的氮大都是以分子的形式存在，无法被植物直接利用。只有在闪电时，瞬间产生的高温使空气中的氮和氧化合成氧化氮，最终形成硝酸盐，氮才能被植物吸收。

土壤

地球表面的土壤并不是从一开始就有的。在最初的时候地球上到处都是岩石。土壤，就是亿万年来这些岩石表面经过风化和生物活动所形成的物质。它是地球表面生物圈、岩石圈、大气圈和水圈的交汇点。它由固体、液体和气体三种物质构成，分别叫做固体颗粒、土壤溶液和土壤空气。构成土壤的固体颗粒间有大小的空隙，较大的空隙由土壤空气占据，而中小空隙则由土壤溶液填满。就成分而言，矿物质、有机质、水分和空气是土壤的主要组成部分。具有一定肥力的土壤，能够供地球上的植物生长，是陆地表面的疏松层。

陆地诞生之初，表面是被一层岩石所覆盖。这些岩石经长期的风吹日晒，加上太阳光的照射，渐渐开始破裂，形成碎石。再经过漫长的时间，在冷热变化、风吹雨打、水蚀分解等的作用下，这些碎石又逐渐崩解成一种被称为"成土母质"的细碎颗粒。这种颗粒决定于矿物岩石的化学成分和分

蚯蚓以腐殖土和落叶为食，其粪便是高级有机肥料。

化特点等，具有一定的透水性和透气性。它是构成土壤的最基本物质。虽然说它也还有少量的养分，但它并不能被称为土壤，因为它缺少植物生长所必需的营养物质，比如氮元素。大多数成土母质经风力、水力、冰川力或重力等外加的作用，沿地表进行搬运，并在一定地区堆积下来形成不同的成土母质。

成土母质的形成只是土壤形成的第一步。等到这种母质中出现了微生物和植物，土壤的形成才真正开始。现在的土壤中并不是只有沙粒子和泥土，还含有许多种类的生物，像细菌、藻类、节肢动物和一些冬眠的动物。蚯蚓在土壤里发挥了重要功能，它的蠕动能让土壤吸取更多的空气，从而增强土壤的肥力。它们被称做土壤动物，在土壤的形成过程中有着不可忽视的作用。在土壤动物出现之前，一些自养性的微生物出现。它们不需要有机物质做养料，自己能够将水分、空气和矿物质中的有效成分合成自身需要的养分。它们从空气中吸收部分氮素，并把它固定下来组成自身机体。在它们死后，它们的残体就会成为成土母质中的养分。

紧接着，一些对土壤条件要求低的植物，像地衣、苔藓等开始出现；原始动物也开始繁殖。母质中的养分开始一点点积累下来。后来，随着时间的推移，土质也越来越细，最后就变成了今天的土壤。土壤是植物生长的基本条件，也是种植庄稼、蔬菜的基础。土壤的最下面是岩石，中间是各种物质的沉淀层，最上面就是人们常见的土壤。这种层级结构有利于提高土壤的肥力，从而更加适合植物的生长。

土壤一般可分为沙质土、黏质土、壤土三类。沙质土包括沙土、沙壤土，含沙较多。它所具有的特点是通气透水性好，容易耕作。含黏土多的土壤就是黏质土，这种土壤保肥、保水能力强，养分含量比较丰富，但通透性差，不大适用于耕种。含沙和黏土差不多的叫壤土，是介于沙质土和黏质土之间的一种土壤。其通气、透水、保水保肥和耕作性能都很好，适应种植多种植物。

中国东北平原是一个山环水绕、沃野千里的平原，据调查，这里有 20 万平方千米的土地都是"一脚踩得出油"的黑土，这样的土质在中国主要的平原中堪称最肥沃的。

◆ 土壤学

土壤学是以地球陆地表面生长绿色植物的疏松层为对象，研究其中的物质运动规律及其与环境间关系的科学。它的兴起和发展与近代自然科学，特别是化学和生物学的发展有着紧密的联系。

山脉

喜马拉雅山脉的地图

地球陆地的表面并不是平整而舒缓的，它上面有高山、峡谷、河流等，它们的平均高度比海平面高 875 米。而高山正是高出周围地面的一种地形，是陆地上的隆起。在世界的许多地方，常常能看到一座座连接在一起的大山，这些绵延千里的大山就是山脉。崎岖的山脉常常带给人许多遐想……

山脉的形成主要是地壳水平挤压运动的结果。一种挤压是由地球自转造成的，形成的是东西方向的水平挤压。还有一种是由于不同纬度地区，受到的地球自转线速度不同而引起的地壳向赤道方向的挤压。在相互挤压的过程中，地壳受力不均造成扭曲，就形成了各种走向的山脉。地壳中一些柔弱地带会在这一过程中形成褶皱隆起，形成绵亘的山脉。而那些坚实刚硬的部分往往会发生断裂。断裂后，一侧上升，另一侧也就相对地下沉，形成突出地面的高山。

喜马拉雅山脉是世界上海拔最高的山脉，它位于青藏高原南缘，绵延起伏在中国、印度、巴基斯坦、尼泊尔和不丹境内，平均海拔 6 000 米左右，海拔超过 7 000 米的高峰有 50 多座。喜马拉雅山的最高峰是的珠穆朗玛峰，它不仅是全球第一高峰，也是陆地最高点。根据板块构造学，喜马拉雅山脉是由印度板块与欧亚大陆板块碰撞形成的，由于地壳的运动

阿尔卑斯山马特峰无论从哪个角度看都是尖锐的四棱锥——典型的金字塔形山峰

阿尔卑斯山

是持续不断的，因此喜马拉雅山的高度也在随之变化，它每年以 1 ～ 2 厘米的速度递增，不太容易被人们察觉。

阿尔卑斯山是欧洲最高大的山脉，它绵延 1 200 千米，经过法国、意大利、瑞士、德国和奥地利等国境内，平均海拔约 3 000 米。阿尔卑斯山的景色十分迷人，勃朗峰、卢卡诺峰、杜夫尔峰等名山吸引着来自世界各地的登山者和旅游者。比利牛斯山是欧洲西南部最大的山脉，位于法国和西班牙两国交界处，是阿尔卑斯山脉向西南的延伸部分。它的山峰一般海拔在 2 000 米以上，峰顶多有冰川覆盖。比利牛斯山优美的自然风光是冬季旅游和滑雪的理想场所。

高加索山是欧亚两洲之间的山脉，它西濒黑海和亚速海、东临里海，是欧亚之间的天然界线。高加索山自西北向东南延伸，形成大高加索和小高加索两列主山脉，当中的许多山峰的绝对高度超过了海拔 5 000 米。

非洲的乞力马扎罗山位于坦桑尼亚东北部，靠近肯尼亚边境，海拔 5 895 米，是非洲的第一高峰。它坐落于南纬 3°，距离赤道仅 300 多千米，以"赤道雪山"而闻名于世，远在 200 千米以外就可以看到它覆盖着积雪的山顶。

世界上最长的山脉是南美的安第斯山脉，它纵贯南美大陆西部，北起北美洲的特立尼达岛，南至火地岛，经过委内瑞拉、哥伦比亚、厄瓜多尔、秘鲁、玻利维亚、智利和阿根廷等国，全长近 9 000 千米，被称为"南美洲的脊梁"。

落基山是北美洲西部重要的山脉，它纵贯北美洲西部，穿越加拿大、美国和墨西哥三国，全长 4 800 千米，是北美洲最重要的气候和河流分界线，被称为北美的"脊骨"。

◆ 中国的山脉

中国著名的大山脉有：喜玛拉雅山、昆仑山、天山、秦岭、大兴安岭、太行山、祁连山、横断山等，它们共同构成了中国地形的"骨架"。

其中的昆仑山是道教名山，素有"海上仙山之祖"之称，相传蓬莱、瀛洲、方丈三座仙山都是由它衍生而来的。

高原

高原是陆地上一大有特色的基本地貌，它是一大片高出海平面很多、但又不像山峰那样起伏很多的平地。高原与平原的主要区别是海拔较高，它的海拔高度一般在1 000米以上，以完整的大面积隆起而区别于山地。高原是在大面积、长期、连续的地壳抬升过程中形成的。由于地壳不断抬升，地面遭到长期侵蚀切割，使高原崎岖不平。

牦牛是青藏高原牧区的主要家畜之一，它生活在海拔3 000米以上的高寒地区。

中国最著名的四大高原是青藏高原、黄土高原、内蒙古高原和云贵高原。位于中国西南部的青藏高原，平均海拔在4 000米以上，被称为"世界屋脊"，是中国第一大高原，也是世界上最高的高原。它包括了西藏自治区、青海省南部、四川省西部和云南省西北部，地域辽阔，面积达230万平方千米，占中国国土总面积的六分之一。

内蒙古高原是中国第二大高原，从东北向西南绵延3 000多千米，可划分为呼伦贝尔高原、锡林郭勒高原、乌兰察布高原和巴彦淖尔、阿拉善及鄂尔多斯高原四部分。内蒙古高原地势起伏微缓，是一个可千里驰骋的高原，也是中国最大的天然牧场。黄土高原横跨中国华北、西北七个省市、自治区，覆盖面积54万平方千米，海拔有1 000～1 500米，土层厚度50～80米，最厚处达200米以上。黄土高原丰厚的土地资源，造就了中国古代灿烂的农业文明。因此，人们把华夏文明誉为黄土文明。这里的地质结构直立性很强，适宜开凿冬暖夏凉的窑洞，为当地人民提供方便舒适的居室。

伊朗高原位于亚洲西南部，是一个被群山环抱的山间高

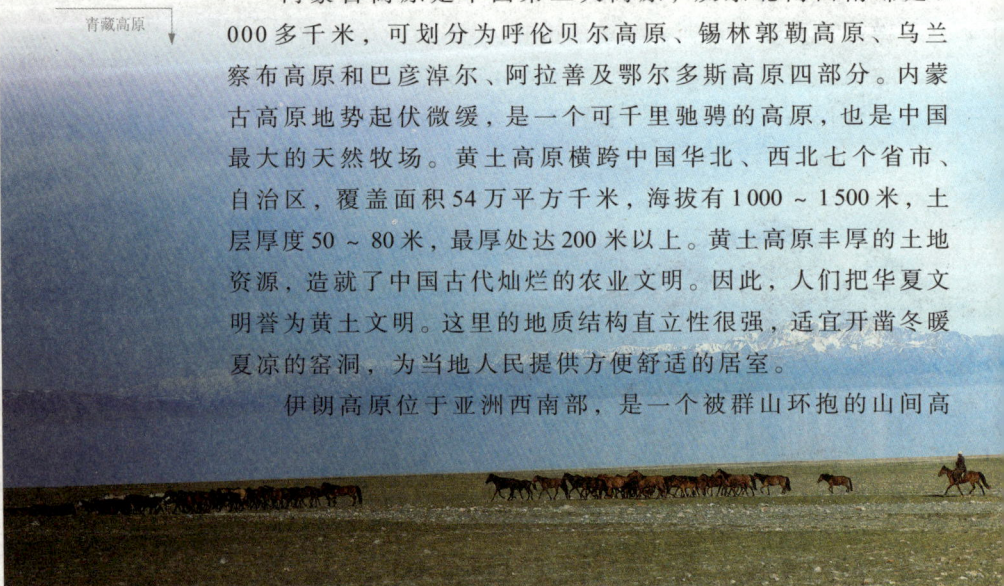

青藏高原

青少年成长必读人文科学知识丛书

原，占有伊朗大部，东部在阿富汗，东南部属巴基斯坦。高原内部地表比较平坦，多小型内陆盆地和陷落盆地，一般海拔在900～1500米。伊朗高原是古代丝绸之路的必经之地，近代仍是国际交通的要冲。亚洲的阿拉伯高原也是世界著名的大高原之一，其面积约350万平方千米，高度由东部的200米一直向西上升到1000米以上。帕米尔高原位于中亚东南部、中国的西端，地跨塔吉克斯坦、中国和阿富汗。"帕米尔"是塔吉克语"世界屋脊"的意思，高原海拔4000~7700米，拥有许多高峰。

巴西高原上的牧群

南美的巴西高原，面积约500万平方千米，是世界上面积最大的高原。它的海拔在300～1500米之间，高原地势南高北低，边缘普遍形成缓急不等的陡坡，被称为"桌状高地"。这里矿藏丰富，有铁、锰、有色金属、稀有金属、云母、水晶等，这里的伊塔比拉铁矿，是世界著名的优质大铁矿。

位于埃塞俄比亚中西部的埃塞俄比亚高原，占全国面积的三分之二，平均海拔2500多米，有"非洲屋脊"之称。东非高原也是非洲著名的高原，它位于埃塞俄比亚高原以南、刚果盆地以东、赞比西河以北，面积100万平方千米，平均海拔1200米。

位于印度半岛上的德干高原，占有印度半岛的大部分，是世界著名的大高原之一，这里地势西高东低，平均海拔600～800米，是一个久经侵蚀而形成的大古老地块。

◆ 高原缺氧

由于高原所具有的低压、低氧的特点，人在这种环境下很容易出现缺氧反应，出现头痛、头昏、心慌、气短等不良反应。但这些都是暂时性的，只要适应一段时间，或者离开高原环境，人体机能即恢复正常。

丘陵

海拔500米以下的"小山"地区称为"丘陵"，这种在陆地上分布很广的地貌是山地久经侵蚀的结果，在地貌演化过程中，丘陵是山地向平原过渡的中间阶段。根据起伏高度，相对高度小于100米者为低丘陵，100～200米者为高丘陵。尽管丘陵不及高山巍峨，但它同样有许多妙趣横生的地方。

中国是个多丘陵的国家，全国丘陵面积约有100万平方千米，占全国总面积十分之一还多，在这些地区，气候条件较好，人口稠密，经济比较发达，适合农耕、林业等多种经济综合发展。

中国的江南丘陵区是中国最大的丘陵区，包括长江以南、南岭以北、武夷山脉和天目山等以西、雪峰山以东低山和丘陵，地域涵盖了江西省、湖南省大部分、安徽省南部、江苏省西南部和浙江省西部边境。主要由一系列东北至西南走向的雁行式排列的中山、低山和居其间的一系列丘陵盆地组成。

浙闽丘陵位于武夷山、仙霞岭、会稽山一线以东的东南沿海，地形上山岭连绵，丘陵广布。有两列与海岸平行的山岭组成地形的骨架，最西一列是以武夷山为主干，第二列由西南向东北有博平岭、

著名的旅游胜地桂林就属于丘陵地形，清澈见底的河水与倒映在水中的山影以及萦绕在山间的雾霭组成的"画卷"，使它享有"桂林山水甲天下"的美称。

青少年成长必读人文科学知识丛书

戴云山、洞宫山等，平均海拔800米左右，主要由流纹岩和花岗岩组成。

东南丘陵地处亚热带，降水充沛，热量丰富，是我国林、农、矿产资源开发、利用潜力很大的山区，它是云贵高原以东、长江以南的东南地区，广泛而集中的丘陵地貌的统称。其中，位于长江以南，南岭以北的称为江南丘陵；南岭以南，两广境内的称为两广丘陵；武夷山以东、浙闽两省境内的称为浙闽丘陵。

黄山属于丘陵地形

两广丘陵是广西、广东两省大部分低山、丘陵的总称。东部多系花岗岩丘陵，外形浑圆、沟谷纵横，地表切割得十分破碎；西部主要是石灰岩丘陵，峰林广布，地形崎岖，风景优美。主要山脉有十万大山、云开大山、莲花山等。

山东丘陵位于山东省中部和东部，大部分在山东半岛之上。它是一个低缓山岗与宽广谷地相间的丘陵，被华北平原包围着，泰山、蒙山、鲁山、沂山、崂山是在丘陵地上超过1 000米突起的山峰。这里的粮食作物以小麦、薯类、玉米为主，经济作物主要有大豆、花生、烟草等。山东丘陵地区还盛产多种农林产品，其中，烟台苹果、莱阳梨、花生、柞蚕等闻名全国，素有"水果之乡""花生之乡"等称誉。

孟加拉国全国地势最高的地区就是东南部的丘陵——吉大港丘陵。它由10条南北向的并列山丘组成，海拔有300～600米。这些山丘的山顶大都呈圆锥形，山势东高西低。其中就有全国最高峰凯奥克拉东峰，海拔1 229米，是孟加拉国林、竹的主要产地。在罗马尼亚东北部的摩尔多瓦丘陵，处于锡雷特河与普鲁特河之间。这里的地表深受河流切割，农业很发达。小麦、玉米、甜菜、大麻和葡萄等是这里的主要农作物。

◆ 冰碛丘陵

冰碛丘陵广泛分布于大陆冰川地区。它是在冰川消融后形成的，由冰碛物组成。这种丘陵分布凌乱，大小不一。

盆地

四周是山地或高原，中间较低成盆状的地貌，人们习惯上叫盆地，盆地属于陆地的一种基本地形形态。盆地的一大特点就是矿产丰富，而且水土资源优越，适合农业的生产发展，唯一美中不足的就是四周都是山的环境，让交通及空气的对流等都受到一定限制。

按照形成原因的不同，盆地可以分成两种类型。构造盆地是地壳运动的结果。中国的吐鲁番盆地、江汉平原盆地都属于这种类型。另一种叫做侵蚀盆地，顾名思义，就是由冰川、流水、风和岩溶侵蚀形成的盆地。像中国云南西双版纳的景洪盆地，就是澜沧江及其支流侵蚀扩展的结果。

塔里木在维吾尔语中的意思是"无缰之马"，塔里木盆地位于新疆维吾尔自治区南部，界于天山、昆仑山和阿尔金山与帕米尔高原之间，它地处内陆，总面积约 53 万平方千米，是中国，也是世界上最大的内陆盆地。塔里木盆地四周被高山环绕，封闭得严严实实，气候极端干旱；盆地外围是由碎石组成的戈壁滩。

和塔里木盆地一样，准噶尔盆地也位于中国西北的新疆境内。它们分居在天山南北两侧，内部都比较平坦，有成片的沙漠和戈壁。在它们边缘的高山地带，分布着一连串的绿

外流盆地

外流盆地内的河流通过出口流到外面

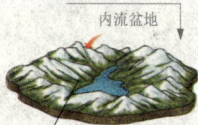

内流盆地

内流盆地中的河水都聚集在盆地中

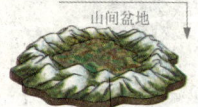

山间盆地

山间盆地是山区常见的小形地区，方圆几十千米

洲，这里曾是古代"丝绸之路"上沟通亚欧大陆的一段"绿色通道"。

四川盆地位于中国的大西南，平均海拔200～750米，面积16.5万平方千米，盆地四周被耸立的群山紧紧环抱，天然密闭，只有滚滚长江从盆地的南部横穿而过，形成了独特的湿热型盆地气候。四川盆地是一块"聚宝盆"，这里蕴藏着丰富的矿产资源、各种能源及旅游资源；举世闻名的乐山大佛，"震旦第一"的峨眉山，都在这里。

塔里木盆地四周被高山环绕，封闭得严严实实，气候极端干旱；盆地外围是由碎石组成的戈壁滩。

柴达木盆地和前三者并称为"中国四大盆地"，它位于中国青藏高原东北部的青海省境内，是一个典型的内陆高原盆地。平均海拔有3 000米左右，戈壁和沙漠占去了它的大部分面积，沼泽和盐湖则都分布在它的东部地区。

吐鲁番盆地是中国陆地最低的地方，盆地呈枣核形，总面积5万平方千米，其中低于海平面的面积就有4 050平方千米，低于海平面100米以下的陆地面积有2 085平方千米，该盆地是世界上仅次于约旦死海的世界第二低地。这里有"火洲"之称，日平均气温超过35摄氏度的日数达100天以上，极端最高气温曾达49.6摄氏度，地表温度曾测得83.3摄氏度，是中国最热的地方。

刚果盆地被誉为地球最大的物种基因库，这里拥有位列世界第二的热带雨林，汇聚了极其丰富的物种。它地位于非洲中部，大部分在刚果民主共和国境内，小部分在刚果共和国境内。底部平均海拔400米，周围的高原山地一般在1 000米以上，面积为337万平方千米，是世界上最大的盆地。盆地边缘矿产丰富，盆地中水资源充沛，因此，人们据此将称盆地为"中非宝石"。

◆ 中国的盆地

中国最大的盆地——四川盆地，还有一个称呼就是"紫色盆地"。这里的沙土都是由流水冲积到这里的，里面含有的铁、铝等矿物质经过氧化就变成了紫红色。因此，在这里就形成很多紫红色的砂岩和页岩。

115

平原

亚马孙平原

亚马孙平原地图

平原是地表面积广阔、地势平坦的区域。世界上著名的平原很多，我国主要的平原包括位于大小兴安岭和长白山之间的东北平原，位于黄河下游地区的华北平原以及长江地区的长江下游平原。平原地区是人类最主要的居住地，这里工农业都很发达。

一般情况下，平原的海拔大都在 200 米以下。它是陆地上最平坦的地方，没有高原那么高的海拔，也没有丘陵那么大的起伏。按照成因不同分为构造平原、侵蚀平原和堆积平原。地壳运动过程中的抬升或是海面下降形成的平原就是构造平原。风化物在重力、流水等的作用下，表面被剥蚀形成的石质平原就叫做侵蚀平原。堆积平原就是由沉积物补偿性堆积形成的平原，分为洪积平原、冲积平原和海积平原等。冲积平原通常是由河流搬运的碎屑物，因流速减缓而逐渐堆积所形成的，其主要特征为地势平坦、沉积深厚、面积广大，冲积平原多发生在地壳下沉的地区。

冲积平原按其分布位置，又可分为冲积扇、沿江平原和三角洲三种。

南美洲的亚马孙平原是世界上最大的平原，占整个巴西面积的三分之一。这里地势低平坦荡，大部分在海拔150米以下，因而这里河流蜿蜒流淌，湖泊沼泽众多。亚马孙平原蕴藏着世界最丰富多样的生物资源，各种生物多达数百万种。

位于欧洲东部的东欧平原又名俄罗斯平原，北起北冰洋，南到黑海、里海之滨，东起乌拉尔山脉，西达波罗的海，地跨俄罗斯、拉脱维亚、爱沙尼亚、立陶宛等国，面积约400万平方千米，是世界最大的平原之一。

中国的东北平原位于中国大兴安岭和长白山之间，由北部的松嫩平原、南部的辽河平原以及东北部的三江平原三部分构成，面积约35万平方千米，是中国面积最大的平原；东北平原平均海拔200米左右，是中国主要平原中地势最高的。

其中，松嫩平原是由松花江和嫩江冲积形成的。辽河平原由西辽河平原和辽河下游平原组成，西辽河平原是一个沙丘覆盖的平原；辽河下游平原是不断接受辽河泥沙沉积的结果。松嫩平原和辽河平原合称"松辽平原"，构成了东北平原的主体。三江平原位于黑龙江、松花江、乌苏里江三江汇流处，是由于长期的构造下陷和三江的泥沙堆积而形成的低洼平坦的平原。

中国的长江及其支流所夹带的泥沙冲击出了中国的长江中下游平原。它平均海拔在50米以下，它包括了两湖平原、鄱阳湖平原、皖中平原以及长江三角洲四个部分。两湖平原在远古时期是个烟波浩渺的云梦泽，后来被长江及其支流冲刷下来的泥沙所填平。这里水网密布，被称为"鱼米之乡"。鄱阳湖平原位于江西北部至安徽西南边缘，面积有2万平方千米。皖中平原的面积较小，位于安徽中部。长江三角洲素有"水乡泽国"之称，有5万平方千米，位于镇江以东、运河以南、杭州湾以北。这里是中国粮食的重要产地。长江中下游平原的形成可以追溯到距今两三千万年以前，那时长江自镇江以下的河口还像一个喇叭形的三角港湾。后来，长江携带的泥沙越来越多地在这里沉积，逐渐形成了现在的长江中下游平原。

◆ 北美洲大平原

关于大平原有两种不同的定义。广义上的大平原，说的是位于拉布拉多高原、阿巴拉契亚山和落基山之间的北美洲中部平原；狭义上只是指北美洲中部平原的西半部分。

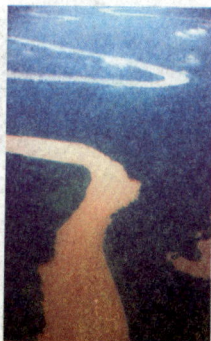

流经亚马孙平原的亚马孙河

117

山夹谷和裂谷

由于河流的不断冲刷，陆地表面被水侵蚀成深深的凹地，这种地形两坡陡峭，横剖面呈"V"字形，这就是我们所说的"峡谷"。而裂谷是由断层围陷的断陷谷地，它的宽度大多在30～75千米之间，少数可达几百千米，长度从几十千米到几千千米不等。峡谷和裂谷大多地势险要，风景迷人，是探险和旅游风光的好去处。

世界第一大峡谷——雅鲁藏布江大峡谷位于"世界屋脊"青藏高原之上，平均海拔3 000米以上，最深处达6 000米以上，是世界上海拔最高、最深和最长的河流峡谷，堪称世界上峡谷之最，被誉为"人类最后的密境"。大峡谷从米林县派区开始，朝东围绕南迦巴瓦峰做马蹄形弯曲后，又向南延伸到墨脱县的希浪附近。这里是世界上山地生态系统类型、植被类型、生物群落最丰富的峡谷谷地，被誉为"世界山地植被类型的天然博物馆"。早在8 000年以前，这里可能就有过人类的活动。在这里曾发现过古人类的遗迹，如陶器、石斧、纺轮等一些细石器。

科罗拉多大峡谷位于美国亚利桑那州西北部，科罗拉多高原西南部，峡谷全长446千米，平均宽度16千米，最深处约1 800米，平均深度1 600米。这个世界第二大峡谷的山石多为红色，从谷底到顶部分布着各个时期的岩层，层次清晰，色调各异。

在美国加利福尼

雅鲁藏布江大峡谷

青少年成长必读人文科学知识丛书

科罗拉多大峡谷

亚州与内华达州相毗连的群山之中，有一条长达225千米，宽6～26千米的不等的大峡谷，峡谷两岸悬崖峭壁，地势十分险恶，气候也极端炎热干燥。误入此地的人很难生还，这就是著名的美洲死亡谷。

长江三峡是世界上最壮丽的峡谷之一，在中国属十大风景名胜。它是瞿塘峡、巫峡和西陵峡三段峡谷的总称。长江三峡西起四川奉节的白帝城，东到湖北宜昌的南津关，总长204千米。这里两岸高峰夹峙，港面狭窄曲折，港中滩礁棋布，水流汹涌湍急。

地壳的快速抬升是裂谷形成的主要因素，东非大裂谷就是地壳的两个大板块断裂分离的结果，至今仍有火山和地震的活动。东非大裂谷纵贯非洲大陆东部，跨越赤道南北，南起赞比西河河口，北抵红两支，总长约6 400多千米，平均宽48～65千米，是世界陆地上最长的裂谷带，有人称之为地球脸上的"刀疤"。

位于中国山东省的双龙大裂谷，大约发育于5亿年前的寒武纪。裂谷内最宽处有15米，自西向东600米，从南到北300米，有10～100米深。它最窄的地方只能容一个人通过。这里拥有中国唯一独特的岩溶地质地貌自然景观。

从裂谷到大洋会经历这样一个演变过程：从地幔涌出的岩浆使陆壳隆起，受到拉伸的地壳变薄，导致断裂。断层使隆起的地方塌陷，形成谷地。岩浆沿着裂谷的断层缝隙涌出，熔岩不断漫布裂谷，而裂隙谷的两侧不断后退，海水涌入，就形成了海洋。

◆ 怒江大峡谷

位于中国滇西横断山的怒江大峡谷，平均深度约为2 000米。其中最深的一段达到3 500米，被称为"东方大峡谷"。怒江位于海拔4 000多米的高黎贡山和碧罗雪山之间，其间景观不断。

119

岛屿

海洋、河流或湖泊中常散布着一些大大小小的陆地，那就是我们常说的岛屿。世界岛屿面积约占陆地总面积的7%，尽管各岛屿大小相差悬殊，外貌形态各异，但是按照成因可以归结为大陆岛、火山岛和珊瑚岛三类，后两类又称海洋岛。地球上各种岛屿的林立，使得地球表面变得更加丰盈。

大陆岛，从名字上就可以看出它实际是原来大陆的一部分，多分布在离大陆不远的海洋上。它主要是由陆地局部下沉或海洋水面普遍上升而形成的，如中国台湾岛、海南岛等。大陆岛有大岛，也有小岛，但世界上大岛都是大陆岛。由火山喷发形成的是火山岛。位于印度洋西南部的毛里求斯岛就是一个火山岛，它是毛里求斯这个岛国的一个主要岛屿。这个岛上四处都是火山熔岩，并且四周被珊瑚礁环绕，岛上千姿百态的地貌吸引了不少世界游客。珊瑚岛是由珊瑚虫分泌的石灰质形成珊瑚礁，珊瑚礁露出海面便成了珊瑚岛。由于珊瑚虫最好的生活条件是平均水温25～30摄氏度，水深30～40米而且洁静的浅海，所以珊瑚岛多分布在赤道附近，珊瑚岛通常面积较小，很少有超过100平方千米的。

地处北美洲东北部的格陵兰岛，面积约218万平方千米，是世界上最大的岛屿。由于这个岛几乎全在北极圈内，所以岛上的大部分地方都是冰川和白雪，有的地方冰层甚至厚达2 300米。在格陵兰岛和大西洋之间，有一个叫做冰岛的国家，位置非常接近北极圈，是全世界最北的国家。冰岛的面积约为10.3万平方千米，是欧洲第二大岛。

新几内亚岛也叫伊里安岛，面积约78.5万平方千米，仅次于格陵兰岛，是当今世界上

椰子树上的果实

格陵兰岛

的第二大岛。全岛多山，大部分的山地、高原海拔均在 4 000 米以上，沿海多沼泽和红松林。位于东南亚的加里曼丹岛是世界的第三大岛屿，岛的中间是山地，四周为平原。岛面积约为 73.4 万平方千米，其中三分之二的领土属于印尼。岛的中间是山地，四周为平原，向内陆就是原始森林，那里面一直是个危险的地方，被人们称为"黑暗的森林"。位于非洲大陆东南海面上的马达加斯加岛，是非洲最大的岛，在世界上排名第四，仅次于格陵兰岛、新几内亚岛和加里曼丹岛。这个岛屿均由火山岩构成。

新西兰怀特岛上的火山岛

火地岛位于南纬52°～56°之间，是智利和阿根廷两国的最南端领土，同时它也是世界上除南极大陆以外的最南端的陆地，还是南美洲大陆最南端的岛屿。火地岛是由主岛大火地岛和数百个小岛、岩礁组成的岛群，总面积7.3万平方千米。火地岛最南点就是闻名世界的合恩角。

克里特岛位于希腊本土以南130千米的地中海上，爱琴海以南，面积8 236平方千米，是希腊最大的岛屿。这座岛屿风景秀美，到处是葡萄、香蕉、橘子、橄榄等果树，百里香、日光兰、金雀花遍地开放，素有"海上花园"的美称，是地中海区域著名的旅游胜地。位于太平洋中部的瑙鲁是一个典型的珊瑚岛，整个岛型呈椭圆形，四周为珊瑚礁环绕。全岛五分之三被磷酸盐所覆盖，是世界上重要的磷矿产地之一。

澳大利亚大堡礁

◆ 台湾岛

台湾岛是中国最大的岛屿，面积约 3.58 万平方千米，占台湾省全省面积的99%以上。台湾岛上风光秀丽、物产丰富，著名的日月潭和珊瑚潭就在这里。

121

沙漠

陆地上那些一望无际的沙漠是由降水的缺乏形成的。沙漠的环境条件非常恶劣，不仅终年干旱少雨，植物奇缺，而且一天当中的冷热变化还很大，还有那些不固定的沙丘，还会吞噬掉沙漠里仅存的一点点绿地。人迹罕至的沙漠在荒凉中透出点点不为人知的神秘，吸引着人们探索的欲望。

在风的作用下，沙漠里会堆积成一座座小沙山，这就是沙丘，它是沙漠的代表景观。沙丘会因风向不同而呈现不同的形状，如果风向保持不变，就会形成平行沙丘；如果风从好几个方向吹来，就会形成星星状的沙丘；在通常情况下，沙丘像一轮弯月的形状。

世界上最大的沙漠是位于北纬 14° 以北的撒哈拉大沙漠，它横贯非洲大陆北部，东西长达 5 600 千米，南北宽约 1 600 千米，面积约 960 万平方千米，约占非洲总面积的 32%。这里是典型的热带沙漠气候，气候呈现出炎热干燥的特点。最干燥地方的年降水量连 25 毫米都不到，有时候一年连一滴雨都不

撒哈拉沙漠年降雨量只有 2～3 毫米，有时甚至 10 年不下雨，但这里的地下水足够全世界饮用 5 年。

青少年成长必读人文科学知识丛书

下。这里全年的平均气温基本上都在30摄氏度，最热的时候甚至会达到50摄氏度。但是温差大也是这里气候的一大特征，到了冬天这里又会一下降到0摄氏度以下。就连一天中的温度，也会在零下0.5～37.5摄氏度之间起落。

骆驼的最大本领是在沙漠中不停地跋涉，能十天半月不喝水，在干旱情况下，有防止水分失散的特殊生理功能。

塔克拉玛干大沙漠是中国最大的流动性大沙漠，在世界是仅次于非洲的撒哈拉大沙漠，位列第二。"塔克拉玛干"在维吾尔语中是"进得去出不来"的意思，所以此沙漠又有"死亡之海"的称谓。这里的沙丘通常都在100～200米高，最高的有300米。这里有奇特的风蚀蘑菇的景观，5米高的伞盖下可以容下十几个人。在白天，沙漠中的温度可以达到70～80摄氏度，这样的高温导致游人在沙漠中常常会看到"海市蜃楼"的幻境。在沙漠四周环绕的是叶尔羌河、塔里木河、和田河和车尔臣河，河的两岸分别生长着胡杨林和怪柳灌木，就像是沙漠中的绿色岛屿一样。沙层下有丰富的地下水资源和石油等矿藏资源。

以干旱著称的沙漠，有的地方也会出现茂盛的植物，这就是生机勃勃的绿洲。每当夏季来临，融化的雪水就会流入沙漠的低谷，渗进沙漠深处。这些地下水流到沙漠的低洼地带，就会涌出地面形成湖泊，为植物的生长提供充足的水源。绿色植物仙人掌能在干旱的沙漠顽强生存，就有它独道的条件。为减少水分的散失，它将叶子演化成短短的小刺，而根茎也变成肥厚含水的形状，以此来适应沙漠缺水的环境。

沙漠不全是枯黄色的，还会呈现出不同的颜色，这是因为沙漠里的沙子里含有不同的矿物质。如果沙子里含有铁，沙漠就会是红色的；如果含有石膏，就会是白色的；如果沙子由黑色岩石转变而来，那沙漠就是黑色的了。中亚地区的卡拉库姆沙漠位于里海东岸的土库曼斯坦，由于这个沙漠是由黑色岩石风化而成的，所以这里到处一片棕黑色，无边无际，阴阴沉沉的，人称"黑色沙漠"。

◆ 沙漠中的胡杨

胡杨又称胡桐，是杨柳科落叶乔木。它之所以能够在沙漠中生存，首先就是因为它发达的根系。它的根可以扎到地下10米深处吸收水分。而且，它的细胞具有不受碱水伤害的功能，因此它对盐碱的土壤环境具有很强的忍耐力。

森林

森林被称为"地球之肺"，里面有大片生长的树木，分布范围相对广阔；森林有很多植物，这些植物在不同的空间生长着，呈现出一定的层次，比如高大树木构成的乔木层，也有枝干比较矮小的灌木层等。世界上的森林总面积约占陆地面积的30%，森林对世界的气候环境、水土保持及生态平衡的维持都有很重要的作用，从这个意义上说，我们对森林的探寻是非常有意义的。

森林在生态环境上和人类社会的发展上具有多方面的功能。人类的祖先最初就生活在森林里，他们靠采集野果、捕捉鸟兽为食，用树叶、兽皮做衣服，在树枝上架巢做屋。据统计，当今世界上仍有约3亿人以森林为家，靠森林谋生。森林中的树木，经过多年的生长，粗壮的树干可以成为优质的木材。木材的用途很广泛，造房子、做家具、修桥梁、造纸等都会用到木材。此外，森林还具有保持水土，涵养水源；防风固沙，护田保土；调节气候，增加降水；保护环境，净化大气等作用。

按照群落的内部特性、外部特征及其动态规律不同，森林也分有很多类型。针叶树是一种生长在寒带地区的树木，特点是具有细长如针状的叶子，这能减少水分的消耗。许多针叶树形成的大片森林，叫针叶林。针叶树包括冷杉、云杉、雪松、落叶松等，它们大多是重要的用材树种。阔叶树是一类具有扁平、宽阔叶片的木本植物，大多生活在热带

生长在乔木层的高大乔木

林冠层的附生藤木

生长在灌木层的蕨类植物

青少年成长必读 人文科学知识丛书

和亚热带地区。各种水果都是阔叶树，桂树、樟树、栎树、楠木等都属于阔叶树。由阔叶树组成的森林，叫阔叶林。阔叶树的经济价值大，不仅可以做木材，还有的可以用做行道树或庭园绿化树种。

森林对气候有调节作用，过度砍伐森林会破坏大自然的生态平衡，从而影响气候。

热带雨林也是森林的一种类型，它覆盖了地球表面6%的土地，这里空气潮湿，气候条件非常适合植物的生长，所以热带雨林里不仅植物种类繁多，而且树木也很高大，大树底下的各种草本、地衣都很茂盛。热带雨林主要分布在赤道附近和赤道以南。这里是庞大的动物乐园，不仅有昆虫、鸟类，还有大型的哺乳动物。大多数昆虫和鸟类，为获取充足的阳光都居住在热带雨林的上层，如蝴蝶、巨嘴鸟等；雨林的地面特别阴暗潮湿。

世界上最大的原始森林是南美洲的亚马孙热带雨林，这里生存、栖息着许多动植物。这里的热带雨林面积最广，发育也最为充分和典型。这里的植物种类丰富，其中三分之一是南美特有的品种。这些植物大都相互交杂地生长在一起，很少形成大规模的纯林。这里的乔木、灌木以及草本、藤本、附生植物组成了多层次的郁闭丛林。一般的有4～5层，多的可以达到11～12层，树冠成锯齿状，参差不齐。为争取更多的日照，许多乔木都尽量往上生长，树干很少分枝，有的可高达80～100米。

◆ **森林覆盖率**

一个国家的森林覆盖率就是指这个国家森林面积和国土总面积的百分比。全球的森林覆盖率约为25%。森林覆盖率最低的是北非和中东。

但是，森林一旦着了火，大火会迅速蔓延，成片的树林往往在顷刻之间被烧毁。1987年，中国东北大兴安岭就曾经发生了大面积的森林火灾，造成了难以估量的损失。

草原

草原是地球重要的资源，这里冬寒夏热，降水稀少，却养育着多种多样的生物，是地球上一方不可多得的栖息地。世界上很多地方都有草原，亚洲、欧洲、美洲的温带地区相对比较集中，中国的新疆、内蒙古、东北地区和青藏高原分布着大面积的草原；在非洲、南美洲和澳大利亚，也有面积十分辽阔的热带大草原。"天苍苍，野茫茫，风吹草低见牛羊……"草原以其一望无边的辽阔气势，成了牧民们的梦想家园。

在不同的地方，草原有着不同的称谓。欧亚大陆的草原面积最大，超过其他草原面积的总和，东西跨100个经度，南北跨28个纬度；我国的草原是欧亚大陆草原的一部分，从东北到西北都有分布。草原可以分成三个主要类型：面积最大的是典型草原，又叫干草原，草比较矮小稀疏，草的种类不太丰富，旱生丛生禾草占绝对优势；在比较湿润的地方有草甸草原，多位于草原向森林过渡的地区，在干草原中水湿条件比较好的地方也有出现；还有一类杂类草草原，其草的种类丰富，草长得高，覆盖率大。

热带草原又叫稀树草原，因为这里干湿季交替出现，草原上只点缀着稀疏的树木。草原上有著名的纺锤树、波巴布树等。这里有着丰富的植物资源，有40余种食草动物栖息在

青少年成长必读 人文科学知识丛书

呼伦贝尔是世界少有的绿色净土和生灵的乐园。

那里，共同分享着那儿的食物。所幸的是，草原上不同的动物食用不同的植物，它们分别吃草、灌木或树林的不同部分。如长颈鹿吃树上的高枝，羚羊吃低处的嫩枝条；斑马吃草头，牛羚吃剩下的草秆，瞪羚则吃幼芽。生活在这里的许多动物，像长颈鹿、斑马、羚羊、角马、犀牛、猎豹、狮子、非洲象等，往往都具有灵敏的视觉、听觉和嗅觉，而且个个善于奔跑。

稀疏草原

非洲的热带草原气温都在 20 摄氏度以上，每年一半的时间都是湿季，一半时间是干季，湿季和干季交替出现，湿季多雨，植物生长繁茂；干季干旱，树木落叶，草木枯黄。东非的塞仑格提草原，每年 6 月间，当河流干涸、牧草稀疏时，角马开始向中部聚集，然后汇成浩浩荡荡的"大军"，向西北进军到水草丰美的马腊河流域。到了 11 月，草原的雨季来临，牧草繁茂，成百上万头角马又长途跋涉，返回故乡。

内蒙古的呼伦贝尔草原是中国最大的草原，也是世界最著名的三大草原之一。在中国，它是目前保存最完好的草原，这里水草丰美，生长着碱草、针茅、苜蓿、冰草等120多种营养丰富的牧草，有"牧草王国"之称，草原的牧草还大量出口到日本等国家。

内蒙古的锡林郭勒草原拥有丰富的自然资源，它是以其草场类型齐全、动植物种类丰富等特征而成为世界驰名的四大草原之一的。西乌珠穆沁草原是锡林郭勒草原的典型区域，这里草原风貌保存完整，是唯一汇集内蒙古九大类型草原的地区，也是中国北方草原最华丽、最壮美的地段，索有"天堂草原"之美称。

◆ 唐布拉草原

唐布拉草原是中国新疆伊犁地区著名的草原之一，它位于尼勒克县境内东部，该草原得名于阿吾拉勒山北坡唐布拉沟东侧几处突兀的岩石，因岩石酷似玉玺、印章而得名。唐布拉草原即"印章"的意思。

泥石流

暴雨

石块、被
雨水冲击，一
起汇聚成溪流

泥石
流以高速
流动

泥石流阻断公
路、冲毁村庄

泥石流是一种破坏性极大的特殊洪流。它在短时间内发生，却具有相当大的破坏力。整个泥石流在很短的时间内可以流出数十万立方米，有时候还会达到数百万的固体物质。其间夹杂的巨石，有的数十吨、有的数百吨，有的数千吨。所到之处，桥梁会被冲毁，道路会被冲断，房屋和农田会被掩埋。此外，若是遇上河道，泥石流中的固体物质还会把河道堵塞，引发洪水。

泥石流的爆发形式就是在重力和水的作用下，土、沙、石块或是巨砾等固体物质，沿着斜坡或沟谷突然流动。它的形成与地质构造和降雨都有密切的关系。泥石流通常发生在峡谷地区和地震火山多发区。它的形成必须同时具备三个条件。第一就是要有利于贮集、运动和停淤的地形地貌条件；第二就是松散土石等固体物质来源；第三就是要充足的水源和激发其发生的条件。

按照激发条件的不同，泥石流被分为冰川型泥石流和降雨型泥石流两大类。冰川型泥石流就是指由冰川融水引发的泥石流。这类泥石流分布在高山冰川积雪盘踞的山区，随着冰川的活动、冰雪的消融等，还有冰崩、雪崩、冰碛湖溃决

植被疏松易产生山体滑坡现象

青少年成长必读人文科学知识丛书

等的发生，泥石流就会被引发。降雨型泥石流依靠的是降雨来提供水源。在非冰川的地区，大量的雨水与不同的松散堆积物共同构成泥石流。还有第三种是一种特殊的形成原因——共生型泥石流。所谓共生，就是指伴随着其他灾难现象一起发生，包括滑坡型泥石流、山崩型泥石流、湖岸溃决型泥石流、地震型泥石流和火山型泥石流等。现在，由于人类对环境的破坏

泥石流爆发掩埋了公路

而引发的泥石流也时有发生。这也属于共生型泥石流的一种，称为"人类泥石流"。

在 2006 年 2 月 17 日，一场灾难降临在了菲律宾中部莱特省圣伯尔纳镇的金萨胡冈村。当地时间早上 9 点，黑色的泥石流从山上滚滚而下，在短短的一分钟内覆盖了约 500 座村宅。这里的村民来不及逃亡，有 1 500～2 000 名村民被活埋。虽然人们很快就采取了救援工作，但还是有很多人伤亡，甚至下落不明。研究人员分析了这次毁灭性灾难的原因，最后归结为对森林的不合理砍伐。首先，泥石流发生在白天，除了上学的孩子和在田间耕作的男子，大部分村民都在家中，所以伤亡的人员很多。其次，在发生泥石流之前，这里曾有过小型地震，山体有些松散，再加上连日的暴雨，灾难就不可避免地发生了。最后，也是最根本的原因，这座村庄周围的山上已经没有任何树木，这是当地人过度砍伐的结果。

中国也是泥石流灾害的高发国家。目前对于泥石流的防治，中国已积累了丰富的经验，也推出了相应的办法和措施——"防、截、排"。"防"是指在泥石流多发区实施绿化山坡等措施，防止水土流失；并且修建挡土墙、排水沟等，做好一切预先工作。"截"是指在泥石流河床的不同地段修建拦蓄泥石流的小型堤坝等，减缓灾难发生时的冲击力。"排"就是对泥石流进行疏导，建造排洪沟。不过，最终的还是要保护山地的植被，这才是从根本上解决泥石流的方法。

泥石流灾难

火山

火山爆发是地球释放内部积蓄能量的一种方式，地球内部火红的岩浆从火山口流出，并喷出大量的气体尘埃和气体。对人类来说，这是一种灾难性自然现象，它可在短期内给人类的生命财产造成巨大损失，然而火山爆发后遗留下来的火山灰富含营养，能提供丰富的土地、热能和许多种矿产资源，还能提供旅游资源。

火山的喷发物是产生于地幔软流层的岩浆，它常期被囚禁在地底，一旦有隙可乘，它就会挣扎着冲出地表，形成火山喷发。喷出地表的岩浆会形成熔岩。火山喷发的强弱与熔岩性质有关，喷发时间也有长有短，短的几小时，长的可达上千年。火山的外形各异正是由于堆积在火山四周的物质不同，于是就有了像三角锥的尖形，也有像盾牌的扁形。

按火山活动情况可将火山分为三类：活火山、死火山和休眠火山。死火山指以前发生过喷发，但有人类历史记录以来一直没有发生喷发的火山；休眠火山就是长期以来处于相对静止状态的火山；活火山是指今天还在不断进行喷发活动的火山。在人类生活的地球上，大约有上万座活火山，其中随时可能爆发的有1 400多个，这之中约有500个位于海平面之上。它们比较集中地分

火山喷发是地球上最有威力的自然现象，它呈现了大自然的疯狂面目，也是人类最害怕的事情

布在四个地带，包括：环太平洋火山带、红海沿岸和东非带、地中海－印度尼西亚火山带和洋底火山带。

火山喷发口

陆地上的火山平均每年有 20 次喷发。从 1500～1914 年，火山爆发造成大约 19 万人死亡。但这并不说明所有的活火山都会喷发出来，有些火山并没有在地表喷发出来，而是在地表下的半路就湮灭了。火山爆发可使当地气温降低，因为火山灰停留在天空中使一部分太阳光不能抵达地球表面。

日本素有"火山国"之称，日本的火山以富士火山带为中心，向各方延伸。富士山为日本的最高峰，海拔 3 776 米。"富士"一词原是日本土著民族的语言，意为"火之山"，据记载，该火山历史上已喷发过 20 多次。日本的阿苏火山也曾多次喷发，其火山口南北长达 27 千米，东西宽 18 千米，周围长 114 千米，口壁相对高度达 900～1 100 米，是世界上最大的火山口，至今还常喷烟。

冒纳罗亚火山是世界上活动力非常旺盛的火山之一，它位于美国夏威夷群岛的中部，海拔约 4 200 米。18 世纪以来，该火山共喷发了 35 次，至今山顶上还留着火山口。

科托帕希火山位于南美洲厄瓜多尔境内，海拔约 5 897 米，是世界最高的活火山之一。1533～1904 年间，共发生了 14 次大喷发。火山口经常溢出熔岩流，使山坡上冰雪融化，造成巨大的泥石流。世界最高的死火山是阿空加瓜山，位于南美洲阿根廷境内，海拔约 6 964 米，它不但是美洲最高的山，也是亚洲之外最高的山峰，简单说来就是西半球的最高蜂。

欧洲和亚洲最高的活火山是位于俄罗斯远东地区堪察加半岛的克柳切夫火山，海拔高度为 4 750 米，每隔 5～6 年喷发一次。

在休眠火山附近，常会有间歇泉、喷气泉、温泉或泥火山等。美国最著名的"老忠实喷泉"就是一个间歇泉，它每隔一小时喷发一次，已持续了一百多年。

火山活动并不只是地球上才会发生的现象，据探测太空得到的资料显示，太阳系的月球、火星、金星等行星上都有火山活动的痕迹。

◆ 世界肚脐眼

意大利的埃特纳火山是被记录得最早的活火山，自公元前 1500 年起，就有关于它的活动记载，大约间隔 2~20 年就会喷发一回。到 2002 年 3 月，已记载有 211 次，是世界上喷发次数最多的活火山。印度尼西亚巴厘岛的活火山阿贡火山，海拔 3 142 米。因火山口完整，有"世界肚脐眼"之称。

地震

和火山爆发一样，地震也是一种由地壳运动造成的自然现象。当地壳运动很频繁地、剧烈地发生时，大地就发生震动了。强烈的地震会在几分钟内使整个城市变成废墟，造成大量人员的伤亡，同时，还会引发火灾等灾难。人们想尽办法探寻有关地震的各种奥秘，希望能将其损害降到最低限度，做到防患于未然。

提到地震，常常会涉及这样几个基本概念。震源是地震震动的发源处，地面上与震源正对着的地方称为震中。震中附近震动最大，一般也就是破坏最严重的地区。震源到震中的距离就是震源深度，而震中到地面上任一观测点的距离被称为震中距。极震区就是震后破坏程度最严重的地区。强烈地震会直接和间接造成破坏，进而成为灾害。

地震造成的地裂

按照引起地壳震动原因的不同，人们把地震分成了构造地震、火山地震和陷落地震。构造地震也叫断裂地震，它的发生是岩层断裂的结果。岩层发生断裂错位，地质构造上发生巨大变化，地震就随之发生。这种地震的震源通常都在地表60千米以下。在70～300千米深的被称为中深源地震；再深一些，到达700千米的，就是深源地震了。由火山爆发而引起的地震叫做火山地震。火山爆发时对地壳产生强烈的能量冲击，使地壳发生震动，从而引发了地震。这种地震通常只会波及火山附近几十千米远的范围，造成的危害较轻，发生的次数也少。另一类是陷落地震，这是由洞穴的崩塌所引起的。就像是溶洞的坍塌或是大块岩石坠落，又或者是松软的地层在地下水冲蚀后发生塌穴。这种地震发生的频率更低，震级也小，造成的破坏也就相对较小。

地震大小根据其释放能量的多少来划分,用"级"来表示。震级是通过地震仪器的记录计算出来的,地震越强,震级越大。地震灾害的严重性就跟震级有关。地震灾害破坏程度,除了与震级大小有关外,与震源深度、距震中远近、震中区的地质条件、建筑物的抗震性能、人们的防震抗震意识、应急措施和预报预防程度等都有关系。

地震时,震动以波的形式从震源向四面八方传播出去。地震波被分为了纵波和横波两种。当地震发生时,人们首先感受到的是上下波动,其实这是由于纵波到达的缘故。紧接着,横波就过来了,横波总是慢于纵波,不过它的破坏性却比纵波强得多。振动方向与传播方向一致的波为纵波,振动方向与传播方向垂直的波为横波。在地球内部,纵波的传播速度大于横波,因此总是纵波先到达地表,而横波落后一步。地震发生时,人们感到上下颠簸后的十几秒后,就会感到强烈的水平晃动。其实,横波才是毁坏建筑物的罪魁祸首。

1976 年 7 月 28 日,河北省冀东地区的唐山市发生了 7.8 级强烈地震,这是中国历史上、也是 400 多年来世界地震史中最悲惨的一次。这次地震破坏范围超过 3 万平方千米,有 24.24 万人死亡,倒塌房屋约 530 万间。造成列车出轨,桥梁坍塌,供水供电、交通、通讯等系统被严重破坏。

在板块与板块交接的地方,地壳情况最不稳定,是火山、地震的多发区。在这些地方,人们划出了几个地震带,有环太平洋地震带、地中海－印度尼西亚地震带、洋脊地震带等。

冰岛地震

◆ 地动仪

世界上最早可以探测到地震的仪器是由中国东汉时期天文学家张衡发明制造的"地动仪"。该仪器外壁均匀地分布着八条口含铜丸的铜龙,每条龙的下方各有一个张开嘴的蟾蜍。地震来时,朝向地震发生方向的那条龙嘴里的铜丸就会掉到下面蟾蜍的嘴里。

地震后倒塌的房屋

极光

极光是出现在南北极夜空中的一种美丽的亮光。它出现的时候会产生绚丽多彩的光亮，有时像一条彩带，有时像一团火焰，有时又像一张五光十色的巨大银幕……它有丰富的颜色——红的、蓝的、绿的、紫的等，忽明忽暗，轻盈飘荡，打破了极地地带的静寂，给这里带来了生气。极光出现的时间都很短，就好像燃放的焰火一样稍纵即逝，有的却能在极地上空存在几个小时。人们把北极出现的极光称为北极光，南极出现的叫做南极光。

在还没有认清极光的真实面目时，人们对这个美丽的景象抱以了美好的想象。在 2 000 多年前，人们就已经发现这个自然现象了。那时的极光一直是神话的主题。中世纪早期，人们认为极光是骑马奔驰越过天空的勇士。生活在北极地区的因纽特人认为极光是神灵创造出来的，目的是为刚刚死去的人照亮去往天国的路。但是神话里的猜测和讲述并不能使人们信服，人们想要寻找极光发生的真正原因。

极光是太阳与大气层共同作用的结果。太阳以各种形式向外发散自身的能量，有光的形式、热的形式，还有一种是被称之为"太阳风"的形式。太阳向外喷射出带电的粒子流，这束

极光↓

带电的亚原子颗粒流具有强大的能量，以每秒400千米的速度轰击着地球表面，在地球上空环绕地球流动。地球的磁场的两个尖端分别朝向南极和北极，在漏斗形状的地球磁场的作用下，这些带电的粒子被俘获，并且慢慢下沉到了"漏斗"底部，来到极地上空。极地大气中的氧原子和氮原子受到带电粒子的轰击，电子被击走，剩下了激发态的离子。这些离子会发出辐射，不同波长的

太阳风爆发示意图

辐射，从而产生不同颜色的光，极光就这样产生。极光大都出现在地表 90 ~ 130 千米的高空，有些会更高。在城市中，灯光和高层建筑会妨碍人们观测极光。所以乡间的空旷地区是观测极光的最好地方。

　　极光不仅仅是一种自然景观，同时也会给地球地磁场造成一定的影响。在太阳风的作用下，地球磁场并不是对称的，而是一个偏向一方的"流线型"。朝向太阳的一边被压缩，背向太阳的一边则被拉成了长长的磁尾。极光给地球上空带来了大量的粒子，投下了大量的能量。它所投下的能量可以与全世界各国发电厂所产生电容量的总和相比。这股能量常常会使无线电和雷达的信号受到影响和干扰。极光发生时所产生的强力电流，也可以集结在长途电话线或影响微波的传播，使电路中的电流局部或完全"损失"，甚至使电力传输线受到严重干扰，从而使某些地区暂时失去电力供应。由此看来，极光中蕴藏有大量的能量。若是能够通过科学的方法加以利用，也会是人类的一笔财富资源。这已经成为当今科学界的一项重要使命。

　　太阳活动对极光的形成有很大的影响。到了太阳活动的极大年，极光现象会发生得更加频繁，景象也会更加壮观。每隔 11 年，太阳黑子总要爆发一次，这时的太阳活动是最活跃的时候。有时在难以见到极光的低纬度地区，也会看到极光。2000 年 4 月 6 日晚上，欧洲和美洲大陆北部就出现了壮观的极光景象。这次极光使夜空中布满了红、蓝、绿相间的光线。在地球北半球一般看不到极光的地区，甚至在美国南部的佛罗里达州和德国的中部及南部广大地区，都观测到了这次壮观的景象。

◆ 太阳活动

　　太阳活动是太阳大气中局部区域各种不同活动现象的总称。主要包括太阳黑子、光斑、谱斑、耀斑等。太阳活动有一定的周期性，平均为 22 年，它包含了两个 11 年的太阳黑子周期。

地球生物圈

几百万种生物和人类一起，共同居住在这个星球上。现在，地球上已知的生物约有几百万种，那些已经灭绝的种类是现存的几十倍到100倍。此外，还有一些物种因为太小而没有被人类发现。目前，被命名的生物种类大概是180万种左右。单拿鸟类来说，麻雀、画眉、山雀、百灵鸟、杜鹃、翠鸟、燕子、啄木鸟、八哥、鹦鹉、猫头鹰、苍鹰、大雁、乌鸦等，都是鸟的种类。生物的多样性是地球上生物的一大特点。

蓝菌是最早出现的光合自氧生物，又称蓝绿藻或蓝藻。

地球是太阳系中唯一有生命存在的星球。这些都是因为它具有一个相对稳定的、适合生物圈形成的条件。首先，地球在它最初演化的阶段具有化学进化和生命起源的条件，也就是说必须有生命产生的条件。像液态的水、含碳化合物、氮化合物等，没有生命的起源，生命就没有办法发展到现在的状况。其次，就是要有能够利用资源的生物出现，这样就能建立相对稳定的巨大的开放系统。就像是能够进行光合作用、还能利用水的光合自养生物，能够把自然界的能源转化为生物能。没有这些生物参与能量的转化，生物圈也是不可能建

蓝藻细胞模式图

青少年成长必读人文科学知识丛书

海洋生物圈

立起来的。蓝菌是最早出现的光合自氧生物，又称蓝绿藻或蓝藻。最早的化石记录表明，它出现在大约35亿年前，在地球上生存了28亿年。它利用水作为电子供体，利用日光能将二氧化碳还原为有机碳化合物，并释放出自由氧。第三，生物进化导致生物多样性，达到一定规模后才能称为"生物圈"。地球上的大部分空间要能够被生物所占据，生物要能够连续分布并覆盖行星表层各部分。

　　生物的繁殖是生命得以延续的重要方式，为了自身物种的传宗接代，生物们有着五花八门的繁殖方式。繁殖分为无性繁殖和有性繁殖两种。植物的无性繁殖就是利用植物细胞具备再分裂，分化的能力，而产生新的植物体的过程；有性繁殖就是通过传授花粉的方式进行繁殖。把一根新折下来的柳枝插在泥土中，它慢慢地就会长成一棵柳树，这就是无性繁殖的一个例子；一般的开花植物都是以有性繁殖的方式延续后代的。动物界的繁殖也分为这两类。无性繁殖一般都是较低级的动物，像是鞭毛虫的分裂生殖、水螅的出芽生殖等。动物的有性生殖必须是有一个寻找异性和求偶的过程。不同的动物，有不同的求爱方式，有的跳舞、有的唱歌……得到异性的回应后，双方就会交配。最后，用卵生、胎生，或是卵胎生的方式产下下一代。

　　自然界埋藏着各种各样的危险，为了生存，动物们都有自己一套独特的防卫本领。有些植物身上长有刺毛和尖刺，当你用手碰它的时候，不小心就会遭到这些"武器"的暗算。动物的防卫本领有很多的花样，有的用模仿颜色，或模仿形态的方式把自己和周围的环境融为一体，让天敌没有办法发现它。还有些动物，比如黄鼬和狐，它们会用放出恶臭的气体的方法来吓走敌人。海参和壁虎会把自己身体的一部分先留给敌人，趁敌人满足于一时的收获时逃走，保全自己的性命。

　　动植物和人类共同生活在地球上，是地球生物圈的重要组成部分。为了长久的生存和良好的发展，人类要处理好与自然、与动植物之间的关系。尊重自然，与其和谐发展。

蜜蜂在吸取花蜜

◆ 食物链

　　自然界的动植物，从低等到高等，组成了一个平衡的食物链。绿色植物靠光合作用，把无机物质合成了葡萄糖、淀粉、脂肪和蛋白质等有机物，储藏在自己的体内，成为其他生物的食物。动物靠植物获得能量，又被高一级的动物捕获，这样一层一层的能量转换，形成一个有序的循环系统。

137

人口

1999 年10月12日为世界"60亿人口日",据联合国人口基金《2004年世界人口状况》报告的资料显示,2004年世界总人口已达到63.78亿,其中,发达地区为12.06亿,欠发达地区为51.72亿,亚洲为38.71亿,非洲为8.69亿,欧洲为7.26亿,拉丁美洲和加勒比地区为5.51亿,中美洲为1.45亿,大洋洲为0.33亿。

世界上人口最稠密的四大地区是:东亚(包括中国东部、日本列岛和朝鲜半岛),南亚,欧洲大部(尤其是西欧)和北美洲东部(主要是美国东北部)。中国(13亿),印度(10亿),美国(2.97亿),印度尼西亚(2.23亿)和巴西(1.81亿)是世界人口五大国。

中国一直是世界上人口数量最多的国家,截至2004年,中国人口已达13.13亿,高居世界第一。同时,中国还是世界上农村人口最多的国家,有10亿多人口在农村。继中国之后,人口第二大国当属印度,据2000年的统计资料显示,印度有10.14亿人口,是人口绝对增长率最高的国家。

新加坡常住人口超过400万,其中25%以上是外国公民。该国四分之三的人口是华人,是世界上除了中国以外,华人人口占大多数的唯一国家。这里平均每平方千米可达4400多人,是亚洲人口密度最大的国家。

中国是世界上人口最多的发展中国家,众多的人口为经济发展带来了沉重的压力。

地处欧洲西南部的摩纳哥，是个面积仅有1.9平方千米的弹丸小国，但其人口竟达2.8万，人口密度每平方千米近15 000人，不仅是欧洲之冠，也是世界人口密度最大的国家。尽管这样，它的城市组合却都宽敞大气，没有高层建筑，绿地空间大，与大自然很亲近，这让它成为和法国的戛纳、尼斯一样的世界知名度假胜地。

在贫困的地区，人口的增长给经济及社会发展带来了沉重压力。

世界上人烟稀少的地区有：北美洲和亚洲的高山和寒冷地带、撒哈拉、中亚和澳大利亚的沙漠地带以及亚马孙河、刚果河流域的湿热地带。

蒙古地处蒙古高原，是亚洲中部的一个内陆国家，这里地广人稀，人口密度非常低，全国平均人口密度仅为每平方千米1人左右，是当今世界上人口密度最小的国家。

梵蒂冈是位于意大利首都罗马西北高地上的城中之国，领土大致呈三角形，包括圣彼得广场、圣彼得大教堂、梵蒂冈宫和梵蒂冈博物馆等。圣彼得大教堂是梵蒂冈的标志性建筑物。面积为0.44平方千米，是世界上最小的国家，这里的人口只有不到1 000名，堪称世界人口最少的国家。

就国土面积而言，哈萨克斯坦是世界第十大国，但不足2 000万的人口和每平方千米5.4人的密度，又使其在人口上只能算是小国。

1930年的时候，全球人口大约有20亿。到了现在，世界人口大约增长到了64亿。世界人口目前每年净增长7 700万，每秒增加2～3人。对世界人口年增长"贡献"最大的7国为：印度（21%），中国（13%），巴基斯坦、尼日利亚、孟加拉、印尼和美国（均为4%）。据美国一机构预测50年后世界人口将达90亿，其中非洲由2000年的8亿上升至2050年的18亿；欧洲由7.28亿下降为6.58亿；印度由10亿上升至16亿，从而成为世界人口最多的国家。

◆ 人口增长对环境的影响

随着人口的增长，人类对粮食的需求也在日益增加。但是世界上可耕地面积有限，而且分布不均，因此就带来了粮食短缺的问题，人地矛盾日趋尖锐。此外，人口越来越多，自然资源的消耗也会越来越快，资源危机也是人类不得不面对的问题。

大气污染

各类工矿企业排放的废气、汽车排放的尾气、城市居民燃烧煤炭等化石燃料产生的烟气以及烧荒和森林失火等都会造成空气污染。一些有害气体甚至危害了生物的生长，给人类的生存和发展也带来了严重的危害。温室效应、酸雨、臭氧空洞、厄尔尼诺现象等都是大气被污染后产生的恶果。

地球好比一个偌大的温室，地球周围的大气就好像温室的玻璃，防止地面的热量散失到宇宙中去。大气中起着"保暖"作用的气体主要是二氧化碳。人类大规模使用煤炭、石油等燃料，排放出大量二氧化碳，使温室效应更加显著。温室效应显著加强最明显的后果是影响世界的气候，使全球变暖。据科学家统计，如果极地地区的气温升高 7 摄氏度，那么大量的冰体就会消融，这将导致全球的海平面升高 7 米，所有港口将被海水淹没，一些沿海大城市也会遭殃。

酸雨是由工业污染造成的，是一种大气污染现象。工厂、电站燃烧煤炭、石油产生的二氧化硫和氮氧化合物，在阳光、水汽、飘尘的作用下，生成硫酸、硝酸盐的微滴，飘散在空中，降雨或降雪落下，就成为了酸雨。

臭氧空洞是大气污染所造成的一个严重后果，倘若臭氧层这个屏障被破坏，阳光中的有害紫外线就会直达地面，给人类和其他生物带来危害。1985 年，科学家就已经在南极上空发现了一个巨大的臭氧层"空洞"，并且它每年都在改变位置，面积还在不断扩大。近年来由于喷气式飞机和火箭、导弹日益增多，将大量废气排放到高空，使臭氧遭到耗损。这也是造成臭氧层空洞的

工厂、电站燃烧煤炭、石油产生的二氧化硫和氮氧化合物，在阳光、水汽、飘尘的作用下，生成硫酸、硝酸盐的微滴，飘散在空中，降雨或降雪落下，成为酸雨，它是一种大气污染现象。

青少年成长必读人文科学知识丛书

原因之一。

　　厄尔尼诺是热带大气和海洋相互作用的产物，它原是指赤道海面的一种异常增温，现在但凡全球范围内，海气相互作用下造成的气候异常都被称为"厄尔尼诺"。厄尔尼诺几乎成了灾难的代名词，印尼的森林大火、巴西的暴雨、北美的洪水及暴雪、非洲的干旱等都被归结到它的肆虐上。

　　光化学烟雾主要是由汽车废气引起的一种大气污染现象，在强烈的阳光照射下，汽车排出的尾气会发生化学反应，生成一种淡蓝色或者棕色的烟雾，就是光化学烟雾。这种污染现象最初出现在美国洛杉矶市，因此也称为洛杉矶烟雾。每年从夏季至早秋，只要是晴朗的日子，城市上空就会出现一种弥漫天空的浅蓝色烟雾，使整座城市上空变得浑浊不清。这种烟雾使人眼睛发红，感到眼痛、头痛、呼吸困难甚至昏厥。

　　沙尘暴是一种风与沙共同作用产生的灾害性天气。它与森林减少、草原退化、气候异常等原因有密切的关系。严重的沙尘暴对人和牲畜以及建筑物的危害绝不亚于台风和龙卷风。

　　人类要生存每天都必须呼吸新鲜的空气，工厂任意地把废气排向天空、汽车的增加也加大了大气的净化负担，人类要呼吸到新鲜的空气就必须减少这些污染。人类有时会戴上口罩，防止吸入更多污浊的空气，从而有效地保护自己的呼吸系统。

汽车尾气

用不恰当的方法燃烧废物形成的滚滚浓烟，会给大气带来严重的污染。

◆ 城市热岛效应

　　在人口稠密的城市，每天都有大量的能源被消耗，同时也会产生大量的热，空气中的污染物阻碍了这部分热量的散发，从而造成了城市气温比周边郊区高的现象，这就是"热岛效应"。

垃圾危害

垃圾是人类生存过程当中一种潜在的危害，它是由人类消耗掉资源后所产生的。垃圾的存在会破坏土壤、产生有毒的气体，但大部分垃圾在经过分选和加工处理后，仍然能变成有用的资源。因此，如何利用和处理好垃圾成了一个重要的环保问题。

废弃的塑料物品扔在自然界中也会引起环境污染，因为塑料物品大部分是白色的，所以这种污染被称为"白色污染"。由于这些废弃的塑料不容易分解，如果混在土壤中，就会导致农作物产量减少；如果把它们燃烧就会产生有害气体，污染空气，损害人的身体健康。为了减少白色污染，人们应该对塑料制品进行回收利用，尽量使用纸制品，减少使用一次性的塑料包装袋。

工农业生产过程中也会产生一系列废弃物，这些都属于工农业垃圾。工业垃圾处理不当，就会污染大气、水体、土壤，影响环境卫生，传播疾病。

除工农业生产产生的垃圾外，生活垃圾是人们接触得最多的，生活垃圾一般可分为四大类：可回收垃圾、厨余垃圾、有害垃圾和其他垃圾。有害垃圾包括废电池、废日光灯管、废水银温度计、过期药品等，这些垃圾需要特殊安全处理，否则造成的污染后果难以估量。如废电池具有长期的、潜伏性的危害，其中危害最大的是镉电池和汞电池，一旦其中的有毒物质渗入到水中，将会污染600立方米的水体。城市是生活垃圾的重要发源地，城市越发达，垃圾量就越大。美国的纽约是

缺水的非洲，背水的非洲人。

世界上人均废物量最多的地方，每人每年扔掉的废物量等于自身重量的 9 倍。为处理众多的城市垃圾，美国每年要支出 200 亿美元。

垃圾的存在是有潜在危害的。露天垃圾经过雨水侵蚀所产生的污水渗入地下，会污染人类的水源；将未处理的垃圾施用于农田，会污染农作物；而人吃了受污染的食物就会引发许多疾病；如果对垃圾进行燃烧处理时，垃圾粉尘还会污染大气环境。目前常用的垃圾处理方法主要有综合利用、卫生填埋、焚烧和堆肥。

水体被严重污染，生活在这些水域的动物们也会相应受到牵连，使它们变得无家可归甚至祸及生命。

废弃的垃圾经过分拣后，其中的部分常常可以循环利用，这样的做法可以为人类节约地球上有限的资源。像纸类、金属、塑料、玻璃等垃圾，通过综合处理后可回收利用，减少污染，节省资源。如每回收 1 吨废纸可造好纸 850 千克，节省木材 300 千克，比等量生产减少污染 74%；每回收 1 吨塑料饮料瓶可获得 0.7 吨二级原料；每回收 1 吨废钢铁可炼好钢 0.9 吨，比用矿石冶炼节约成本 47%，减少空气污染 75%，减少 97% 的水污染和固体废物。剩菜剩饭、骨头、菜根菜叶等食品类废物属于厨房垃圾，它们经生物技术就地处理堆肥，每吨可生产 0.3 吨有机肥料。在美国，超过半数的旧铝皮易拉罐被回收，熔化后可再制成其他铝制用品；英国的许多玻璃制品不少是来自旧酒瓶按色分类后送入瓶炉熔化后锻造出来的。

◆ 垃圾资源

目前，中国每年可利用而未得到利用的废弃物的价值达 250 亿元。这里面包括了约 300 万吨废钢铁、600 万吨废纸。垃圾的回收率还没有达到应有的标准，废塑料的回收率不到 3%，橡胶的回收率为 31%。

对于那些不可以再利用的垃圾的处理，通常采取填埋的方法。这些垃圾被收集起来送到堆放场，在废矿坑铺上一层垃圾并压实后再铺上一层土，形成夹层结构。经过填埋的垃圾可以改造成公园、绿地。

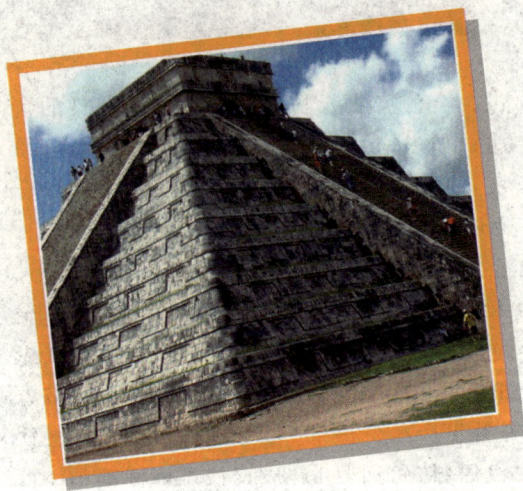